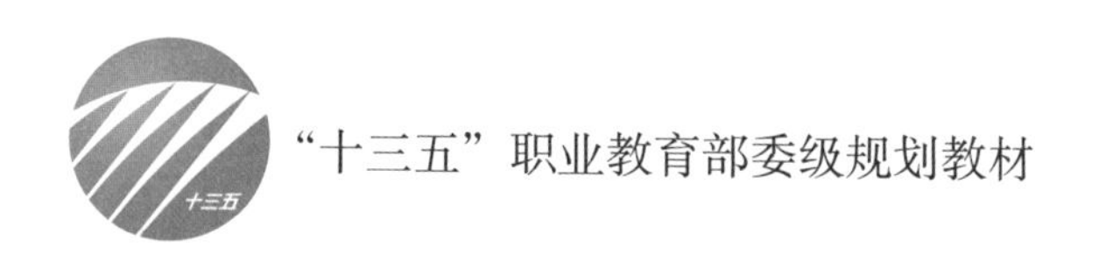

服装设计表现技法

王 荣 董怀光 编著

中国纺织出版社有限公司

内容提要

本书是一本专门介绍时装画技法的专业书籍，也是学习服装设计的入门书籍。全书比较全面地介绍了有关时装画的内容及表现技法，内容包括时装画的认知、人体表现技法和服装效果图的表现技法，效果图表现技法部分又包括着装表现技法、面料表现技法及不同着色的表现方法等内容。

本书可作为应用型高等院校、高等职业院校、高等专科院校、成人高等院校等相关专业学生的专业书籍，也可供中等职业院校、服装设计爱好者和专业人员参考使用。

图书在版编目（CIP）数据

服装设计表现技法 / 王荣，董怀光编著. -- 北京：中国纺织出版社有限公司，2020.8
"十三五"职业教育部委级规划教材
ISBN 978-7-5180-7474-7

Ⅰ. ①服… Ⅱ. ①王… ②董… Ⅲ. ①服装设计－绘画技法－高等职业教育－教材 Ⅳ. ① TS941.28

中国版本图书馆 CIP 数据核字（2020）第 092723 号

策划编辑：亢莹莹　郭　沫　　责任编辑：亢莹莹
责任校对：楼旭红　　责任印制：何　建

中国纺织出版社有限公司出版发行
地址：北京市朝阳区百子湾东里A407号楼　邮政编码：100124
销售电话：010—67004422　传真：010—87155801
http：//www.c-textilep.com
中国纺织出版社天猫旗舰店
官方微博 http：//weibo.com/2119887771
北京通天印刷有限责任公司印刷　各地新华书店经销
2020年8月第1版第1次印刷
开本：787×1092　1/16　印张：9.25
字数：126千字　定价：59.80元

前言

时装画在服装发展史中有着不可替代的作用，它从产生到现在已有近400年的历史。它是一种集时代特征、艺术审美和表现方法的艺术形式。时装画作为服装高等教育领域的一部分，在服装和绘画领域都有着非常重要的地位。在服装产业中，设计师用服装这一载体来实现自己的创造力和设计梦想，而时装画架起了连接设计师和服装制作人员完成服装的一座桥梁。同时时装画能直观地传播流行趋势和市场设计理念。

本书是一本讲述时装画基础技法的著作，涉及彩铅、水彩、马克笔等多种工具融合下快速表达时装画的技巧。在内容上，介绍了人体的知识、基本绘画工具的使用技法、服装画的绘制技法、时装画绘画技法步骤的讲解，是一本内容广泛且非常实用的时装画书籍。

本书是依据作者多年时装画和时装设计的教学实践经验，总结出的一套独特的教学方法。我们认为在学习时装画的初级阶段需要重点训练以下几个方向：一是需要深度认知并建立自己的人体模板；二是掌握多种绘画工具的基本技法与性能，除了常用的工具外，要大胆尝试，在探索中找到自己擅长的绘画工具，并提炼总结出属于自己的着色技法；三是找到属于自己的时装绘画表现风格，设计师应该是独特、个性鲜明、与众不同的，但在前期学习阶段中，模仿别人的技法与风格是快速进步的有效手段，需要在不断学习的过程中找到属于自己的绘画风格。以上是在学习时装画初级阶段要重点关注与训练的方面。

本教程的编写历时一年，收集了大量资料，倾注了作者大量的精力和情感。精心挑选的每一张图片，用心绘制的每一张画，细心撰写的每一段文字，只为了提供给大家一个有效的学习方法。本书由王荣担任主编，负责大纲制订、书稿修改及统稿、定稿工作；陈旖旎、吴文抒、冯文惠担任全书校稿任务。本书在编写过程中得到了中山职业技术学院和合作企业中山市卓尔特时装有限公司的支持，在此深表感谢！同时，也要感谢毕特为本书图片拍摄付出的辛苦工作。由于编写时间有限，书中难免出现疏漏和不妥之处，敬请广大读者不吝指正。

王荣

2019年11月

目录

第一章 时装画与企业服装设计手稿概述

Chapter 1

学习目标：使学生全面了解时装画的含义及种类，为后续深入学习奠定基础。
教学要求：要求学生掌握时装画的种类，在此基础上逐渐掌握时装画的不同用途，并对时装画有清晰的了解。
实践项目：通过欣赏各种时装画图片，掌握时装画各种类型。

第一节　时装画

什么是时装画？它是设计者最为明确、最为有效传达设计意图的表达方式。时装画与传统的绘画形式及新兴的商业插画有很大的关联性，但作为时装设计的基础专业之一，时装画又具有一定的特殊性。无论是学习时装设计的学生，还是专业的时装设计师，能否将头脑中的设计意图形象地表达出来，是衡量其专业能力的一个重要标准。

一、时装画概述

时装画是以绘画作为基本手段，通过丰富的艺术处理方法来体现服装设计造型和整体气氛的一种艺术形式。因为时装画本身具有审美与实用的双重性质，因此，一方面，时装画具有较强的功能性，要能够清晰准确地表现时装与着装者的关系；另一方面，时装画本身是一种艺术形式，它从其他艺术形式中吸取养分，是设计者主观艺术情感的表现之一（图1–1）。

图1–1　时装画赏析

二、时装画分类

时装画从最初的形式发展到今天，历时四百余年，随着时尚产业越来越明显的细分趋势，针对不同的用途，时装画面也分为不同的种类。

（一）艺术欣赏时装画

这类时装画通常画面结构灵活，风格各异，表现形式和技法多样，注重时尚美感，是绘画者情感及观念的表达，画面本身就是一件完整的作品（图1–2）。

（二）商业时尚插画

商业时尚插画除了注重艺术的形式美与时装的现代美，更注重的是突出产品，并与宣传主题契合，是时尚品牌和媒体用于交流、推广、宣传等活动的工具（图1–3）。

图1-2　艺术欣赏时装画

图1-3　商业时尚插画

第二节　服装设计手稿

一、服装效果图

服装效果图是创作者设计意图的形象化和具象化，画面中要体现设计者的设计观念、创造意图、款式结构、工艺特点及装饰配件等，传达出服装着装的实际效果（图1-4）。

图1–4　服装效果图

二、趋势预测手稿

流行趋势预测是专业的时尚预测机构推出对未来6～24个月的流行趋势预测报告。趋势预测手稿要能够显示消费者未来的需求，提供给专业客户或供整个时装行业参考使用。趋势观察员通过收集数据，分析、分类和汇总以后制作成详细的趋势报告并辅以重要的图片说明，这些图片就是趋势预测手稿（图1–5）。

图1–5　趋势预测手稿

三、服装款式图

服装款式图是服装平面展开图，是对服装的正背面、外轮廓线、内结构线和分割线等细节的表达。它是服装板师制板以及工艺师制定生产工艺的重要依据，要求比例准确，结构清晰，因此常配备面料说明、文字说明、尺寸说明、设计说明等，为了便于制作，甚至对每个附件和压线等都要加以说明（图1–6）。

图1–6

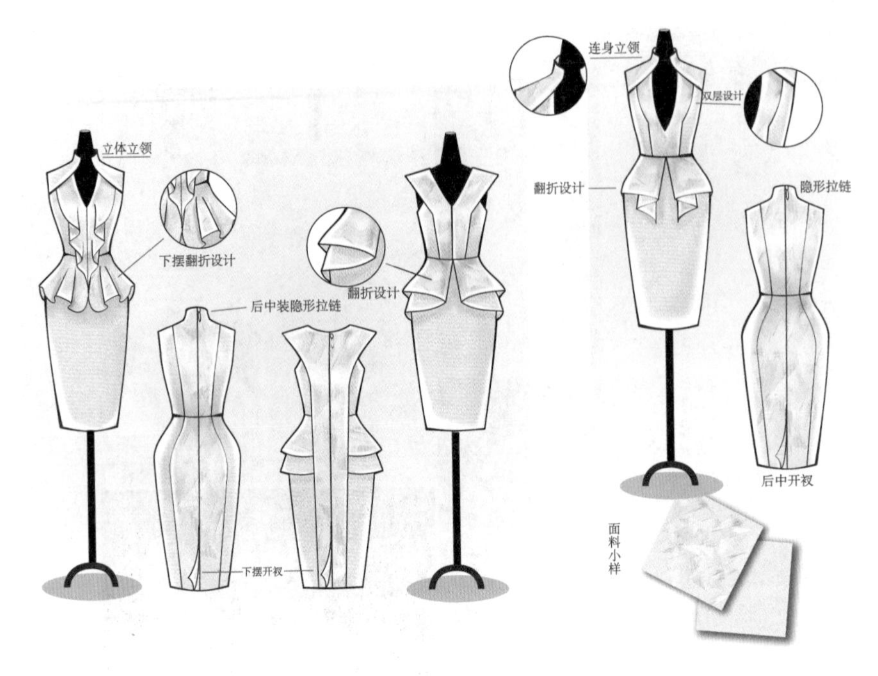

图1–6　服装款式图

四、设计草图

设计草图是概括人体和服装的表现手法，能够快捷地表达设计师的设计作品、设计构思，传达设计师的设计观念。设计草图是设计初始阶段的设计雏形，以线为主，一般比较潦草，主要是记录设计的灵感和设计意念，不追求效果和准确性（图1–7）。

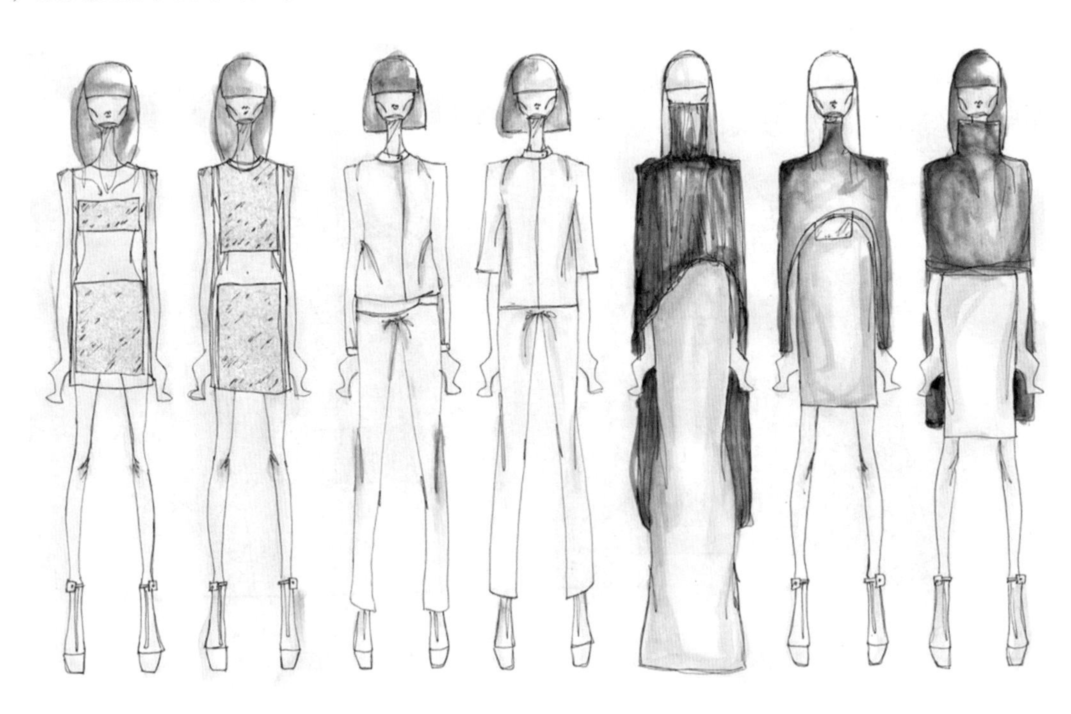

图1–7　设计草图

第三节　企业服装设计手稿

服装设计手稿主要分为效果图手稿和款式图手稿两大类，主要包括服装款式图、服装效果图、齐色搭配表、面辅料小样、细节放大图、尺寸标注和工艺说明等内容。服装公司的设计手稿一般以两种形式出现，一种是款式图手稿，另一种是效果图与款式图相结合的手稿（图1–8）。

图1–8　设计手稿

一、服装生产图

服装生产图是提供给样板师制板以及工艺师制定生产工艺的重要依据。它能有效地向设计总监、制板师和样板师传达服装设计意图，也是服装设计总监审稿和指导样衣制作最为快捷的沟通载体。服装款式图手稿展示服装二维平面效果，追求画面精准、清晰、细致和协调（图1–9）。

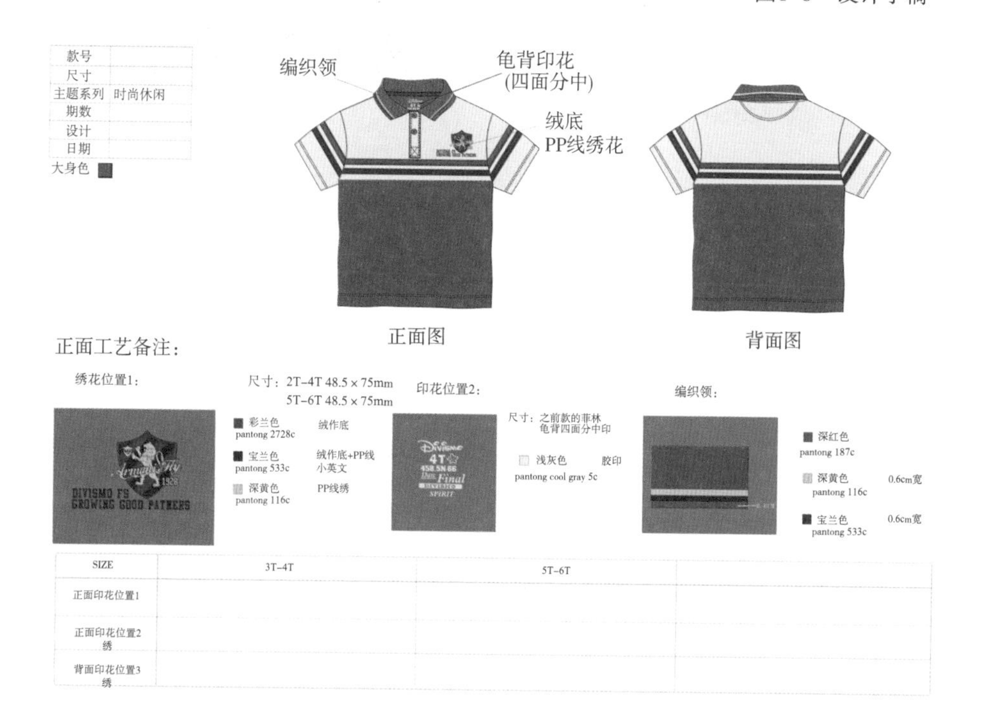

SIZE	3T–4T	5T–6T	
正面印花位置1			
正面印花位置2 绣			
背面印花位置3 绣			

图1–9　服装生产图

二、服装效果图与款式图结合

服装效果图与款式图相结合的手稿也属于时装画的范畴，是时装品牌设计师常用的一种表现手法，也是服装公司里设计师、制板师和样衣师之间沟通交流的语言和媒介。一般要求款式结构表达清楚、面料搭配准确、细节工艺加以文字说明补充等。一般采用正面效果图和背面款式图相结合的方法，以单线手绘或辅助上色等方式来表现服装设计手稿（图1-10）。

图1-10　服装效果图与款式图结合

第二章
服装画手绘工具及材料
Chapter 2

学习目标：使学生全面熟悉服装画的材料和工具，掌握彩铅、水彩、马克笔的基本表现技法，能够灵活运用基本表现技法，为后续的深入学习奠定基础。

教学要求：要求学生掌握服装画不同的材料和工具，在此基础上逐渐掌握服装画工具的不同用途，并对服装画材料和工具有清晰的了解。

实践项目：通过使用各种材料和工具的练习，掌握服装画工具的使用。

在学习绘制服装画前，必须掌握服装画手绘工具，这是进行服装画绘制的前提，也是了解人体结构比例和学习服装画表现技法的基础。

第一节　绘制工具

一、铅笔（Pencil）

铅笔是绘制服装效果图的基础工具，也是服装画最常用的绘画工具。它具有勾线和涂抹的功能，能在单一的色调之中表现出丰富的黑白灰效果，且易修改。

铅笔根据其特点分为以下几种：速写铅笔、自动铅笔和彩色铅笔。

（一）速写铅笔（Sketch Pencil）

速写铅笔是绘制服装画常用的铅笔之一，也是服装画最常用的绘画工具之一（图2–1）。

（二）自动铅笔（Movable Pencil）

自动铅笔主要分为全自动、半自动出芯的铅笔，不用卷削。自动铅笔笔芯均匀，画出的线条清晰细腻，没有粗细变化，但可以根据铅芯的不同而产生有限的颜色深浅变化。

根据按出芯方式，可分为旋转式、自动补偿式、坠芯式和脉动式4种。在绘制服装画中，自动铅笔常用于初步的勾勒及轮廓绘制（图2–2）。常用的自动铅笔品牌如表2–1所示。

图2–1　速写铅笔

图2–2　自动铅笔

表2-1　常用的自动铅笔推荐

品牌	产地	特点
樱花	日本	防断笔嘴，出铅平稳，笔杆防滑
施德楼	德国	笔杆防汗、防滑，书写稳定，可调节灰度
三菱	日本	可伸缩笔尖，隐藏式橡皮，自动转铅

二、彩色铅笔（Color Pencil）

彩色铅笔简称“彩铅”，是服装画绘画中最常用的工具之一。彩色铅笔颜色多种多样，清新简单，画出来的效果比较淡，是一种比较容易掌握的工具。

彩色铅笔分为水溶彩铅、油性彩铅、色粉彩铅（图2-3）。常用的彩铅品牌如表2-2所示。

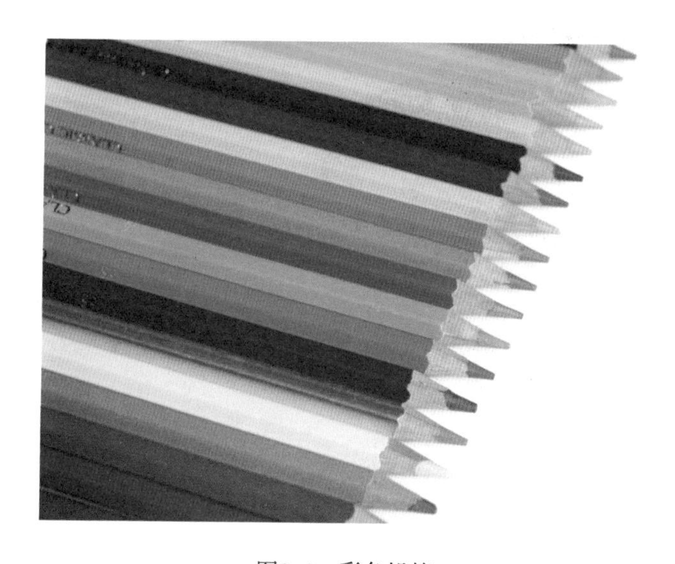

图2-3　彩色铅笔

表2-2　常用彩铅推荐

品牌	产地	类型	特点
辉柏嘉	德国	水溶	性价比高，适合初学者日常练习
施德楼	德国	水溶	色彩鲜艳，笔触细腻，笔杆手握感佳
辉柏嘉	德国	油性	色彩浓郁，着色牢固，笔尖顺滑

（一）水溶彩铅

水溶彩铅的笔芯溶于水，蘸水上色后，呈现水彩效果，画出来的颜色自然、不厚重。容易刻画细节，例如，人物的五官、头发、塑造高光。水溶彩铅容易叠加颜色，颜色鲜艳，笔芯的硬度适中，容易上色，可用橡皮擦除。

（二）油性彩铅

油性彩铅着色牢固，不溶于水，是所有彩铅中颜色最为艳丽、厚重的，笔芯带有一定的蜡质感，笔尖顺滑。油性彩铅叠色能力较弱，不适合多层叠色，用橡皮不易擦除。

（三）色粉彩铅

色粉彩铅笔芯较软，可以用手指涂抹晕开，可表现色彩的渐变，具有较强的覆盖性，笔芯为粉质感，带有特殊的颗粒肌理。色粉彩铅容易脱粉，弄脏画面。

三、马克笔（Mark Pen）

马克笔又名麦克笔，可作为迅速表现服装效果图的工具。马克笔分为油性、酒精性、水性三种，笔头主要有硬头、软头、粗头、细头四种。服装效果图多用油性马克笔，水性马克笔多用于表现格子面料的服装（图2-4）。常用的马克笔如表2-3所示。

图2-4　马克笔

表2-3　常用马克笔推荐

品牌	产地	笔尖类型	特点
Touch mark	中国	硬头	价格便宜，颜色种类多，适合初学者
斯塔	中国	硬头	笔尖有一定的弹力，笔触感较好
法卡勒	中国	软头	性价比高，颜色鲜艳，适合初学者
温莎牛顿	法国	硬、软头	显色度高，流畅度良好，手感舒适

四、勾线笔（Marking Pen）

勾线笔用于绘画创作时，对作品的勾勒，可用于勾勒轮廓、强调结构转折及描绘细节。勾线笔主要分为两大类：笔触均匀的针管笔和有笔触变化的秀丽笔。秀丽笔可通过对用笔力度的轻重和笔尖方向的控制，描绘出有虚实变化的线条（图2-5）。常用的针管笔品牌如表2-4所示，常用的秀丽笔品牌如表2-5所示。

图2-5　针管笔和秀丽笔

表2-4　常用针管笔推荐

品牌	产地	特点
樱花	日本	书写顺滑，快干不易脏手，不易断墨
三菱	日本	纤维笔尖，油性防水，不易褪色
施德楼	德国	不易干枯，不易褪色，防水

表2-5　常用秀丽笔推荐

品牌	产地	特点
东洋	中国	线幅流畅，快干防水，粗细自如
斑马	日本	笔锋柔美，线幅流畅，粗细自如
樱花	日本	笔锋秀丽，软硬适中，出墨均匀

五、高光提亮笔（Highlight Brush）

高光笔是在作品创作中提高画面局部亮度的好工具。笔的覆盖力强。水彩和马克笔比较难控制亮面的留白，可使用高光笔提亮（图2-6）。常用的高光提亮笔品牌如表2-6所示。

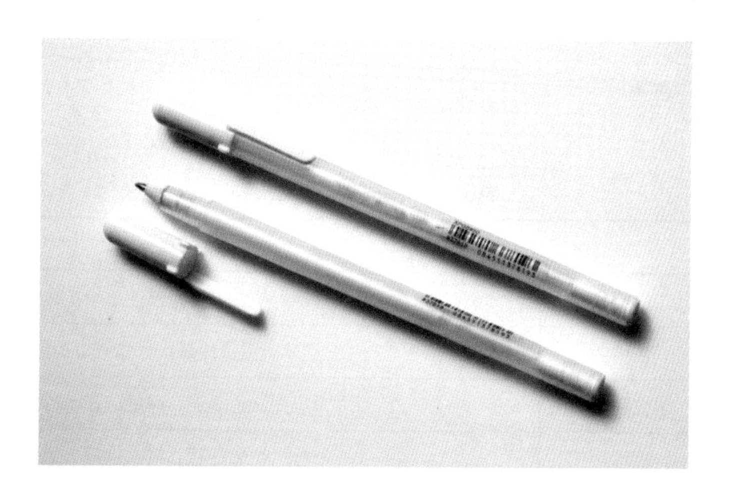

图2-6　高光提亮笔

表2-6　常用高光提亮笔推荐

品牌	产地	特点
樱花高光笔	日本	光泽度好，饱和度高，覆盖性好
吴竹高光液	日本	较好的覆盖度，浓度高，不易扩散、晕染
樱花油漆笔	日本	出墨顺畅，光泽度好，颜色多

六、纤维笔（Fiber Pen）

纤维笔笔头比较细，可以画出极细且有粗细变化的线条，可以进行小面积的染色，用于刻画面部细节。纤维笔的笔尖很硬，在使用时要控制力度，避免划伤纸面（图2-7）。

七、水彩笔（Water Color Pen）

水彩笔基本可以分为两大类，人造毛笔和动物毛笔。人造尼龙毛笔耐摩擦，弹性好，对颜料的吸收力差一些，储水量不足。动物毛笔的材料有羊毛、狼毛、鸡毛等，吸水量充足，聚锋好，大面积铺色、小面积刻画都可以使用，需要精心保养（图2-8）。常用的水彩笔品牌如表2-7所示。

图2-7　纤维笔

图2-8　水彩笔

表2-7　常用的水彩笔推荐

品牌	产地	特点
马利	中国	笔尖聚锋，笔触灵敏，弹性适中，握笔舒适
温莎牛顿	法国	貂毛笔头毛质柔软，吸水性好；尼龙笔头柔软舒适，易清洗
阿尔瓦罗红胖子	澳大利亚	晕染好，色泽美，耐用，吸水性佳
达·芬奇	德国	手工制作，手感舒适，吸水性好，笔触鲜活

第二节　绘制材料

一、纸（Paper）

（一）复印纸（Copy Paper）

复印纸是画手稿必备的纸张，其价格实惠且用途非常广泛。因纸张比较薄，吸水性和耐水性不佳，故不适合厚重的画法，适合画手稿，不适合上色（图2-9）。

（二）水彩纸（Water Color Paper）

水彩纸是一种专门画水彩画的纸。水彩纸白净、吸水性较好、纸面纤维多且多次重复涂抹不起毛。纸张较厚，购买时克重数最好在250g或以上，初学者最好选择细纹纸张。绘制时装画时，水彩、水粉、水墨效果都能很好呈现，适合画彩稿（图2-10）。常用的水彩纸品牌如表2-8所示。

图2-9　复印纸

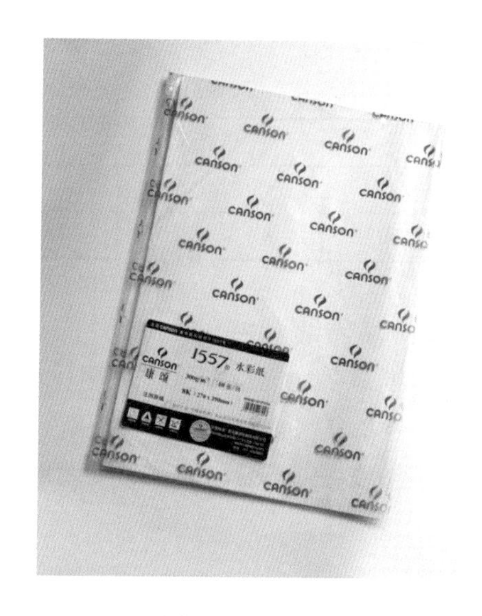

图2-10　水彩纸

表2-8　常用的水彩纸推荐

品牌	产地	类型	纹路	特点
康颂300克	中国	木浆	中粗纹	性价比高，适合初学者日常练习
获多福	英国	棉浆	细纹	吸水性和扩散性好，色牢度稍弱
阿诗	法国	棉浆	细纹	吸水性极好，适合多层叠色

（三）马克纸（Plotter Paper）

马克纸也称绘图纸。马克纸质地紧密而强韧、半透明、无光泽、尘埃度小。具有优良的耐磨性、耐擦性、耐折性，适于铅笔、墨汁笔等书写（图2-11）。常用的马克纸如表2-9所示。

图2-11　马克纸

表2-9　常用的马克纸推荐

品牌	产地	特点
康颂	法国	精致半透明明亮纸质，多次叠加不透纸
柏伦斯	中国	不易晕染，叠色过渡自然

（四）肯特纸（Kent Paper）

肯特纸是多功能绘画纸，可用作马克笔、铅笔、彩铅等设计绘画纸。纸质优良，易上色，耐久性优良。肯特纸偏黄，不如一般纸雪白，但这样能保护眼睛。纸张较厚，光滑，好着墨，不易破裂，不易起毛，晕染效果佳，叠色过渡自然。缺点是墨水在纸上不容易干（图2-12）。

图2-12　肯特纸

二、水彩颜料（Water Color）

水彩颜料是在绘制时装画中常用的工具之一。水彩颜料透明度高，能重复叠色，能在水中溶解透明。绘制服装画时可采用淡彩画技法，可分为铅笔淡彩和钢笔淡彩两种。水彩颜料较容易掌握，适合服装画初学者练习使用（图2-13）。常用水彩颜料品牌如表2-10所示。

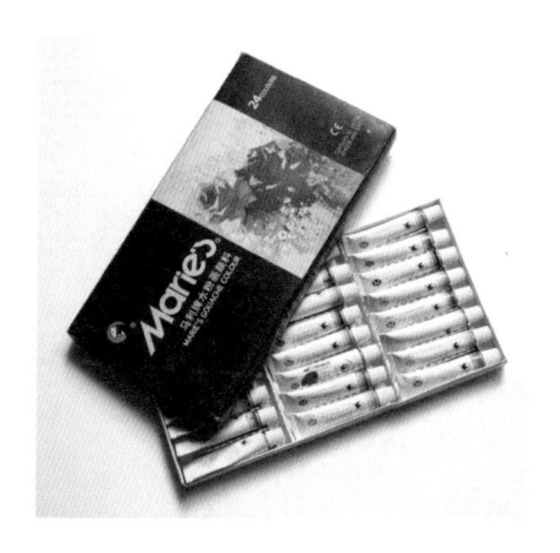

图2-13　水彩颜料

表2-10　常用水彩颜料推荐

品牌	产地	类型	特点
樱花	日本	固体	管装色泽清新明亮；固体色块较硬，不易蘸取
温莎牛顿	中国	固装	颜色较暗沉，有颗粒沉淀，适合初学者日常练习
史明克	德国	固体	色彩鲜艳亮丽，色泽沉稳，性价比高

三、调色盘和水桶（Palette and Bucket）

调色盘和水桶用于调和色彩颜料和洗笔，一般选用梅花形状调色盘和小巧方便的水桶（图2-14）。洗笔筒主要用来装水，洗掉笔上的水彩颜料，提高绘画效率。

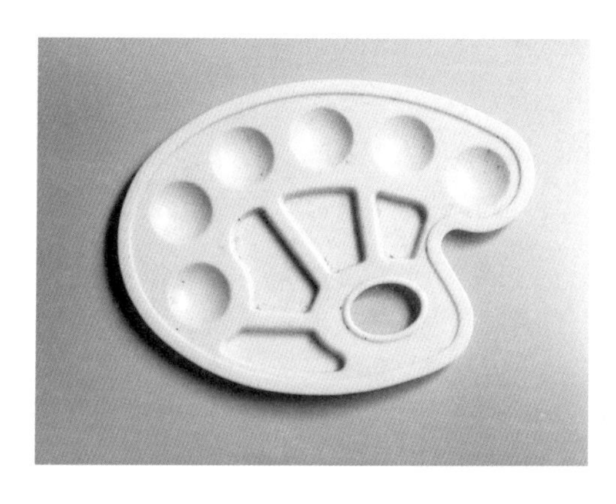

图2-14　调色盘和水桶

四、抹布（Rag）

抹布主要用于吸掉水彩笔上多余的水分。

五、橡皮（Eraser）

橡皮用于修正线稿的错误，一般选用4B型号。常用的橡皮品牌有辉柏嘉、樱花、施德楼等，蓝色的辉柏嘉橡皮可以擦掉彩色铅笔。

六、尺子（Ruler）

利用不同类型的尺子可以快速画出流畅、干净的线条，是绘制款式图时必不可少的工具之一（图2-15）。

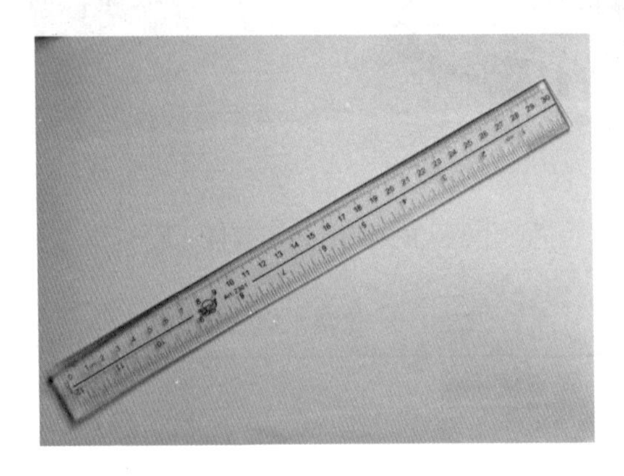

图2-15　尺子

七、卷笔刀（Pencil Sharpener）

台式卷笔刀可以提高削笔的效率，是绘制彩铅画必不可少的工具之一。

第三章
人体表现技法
Chapter 3

第一节　男性、女性和儿童的人体结构比例

学习目标： 让学生全面掌握男性、女性和儿童的人体结构比例，为后续的深入学习奠定基础。

教学要求： 要求学生掌握时装画中男性、女性和儿童人体的高度和宽度比例。

实践项目： 教师讲解和分析男性、女性、儿童人体的比例动态，并给学生示范，使学生能理解、掌握男性、女性、儿童人体的画法。

一、人体骨骼与肌肉

（一）骨骼

骨骼是人体内坚硬的组织，起到支撑身体的作用，是人体运动系统的一部分。成年人有206块骨头，人体的骨骼主要由颅骨、躯干骨、四肢骨构成，骨骼构成骨架，维持身体姿势（图3-1～图3-3）。

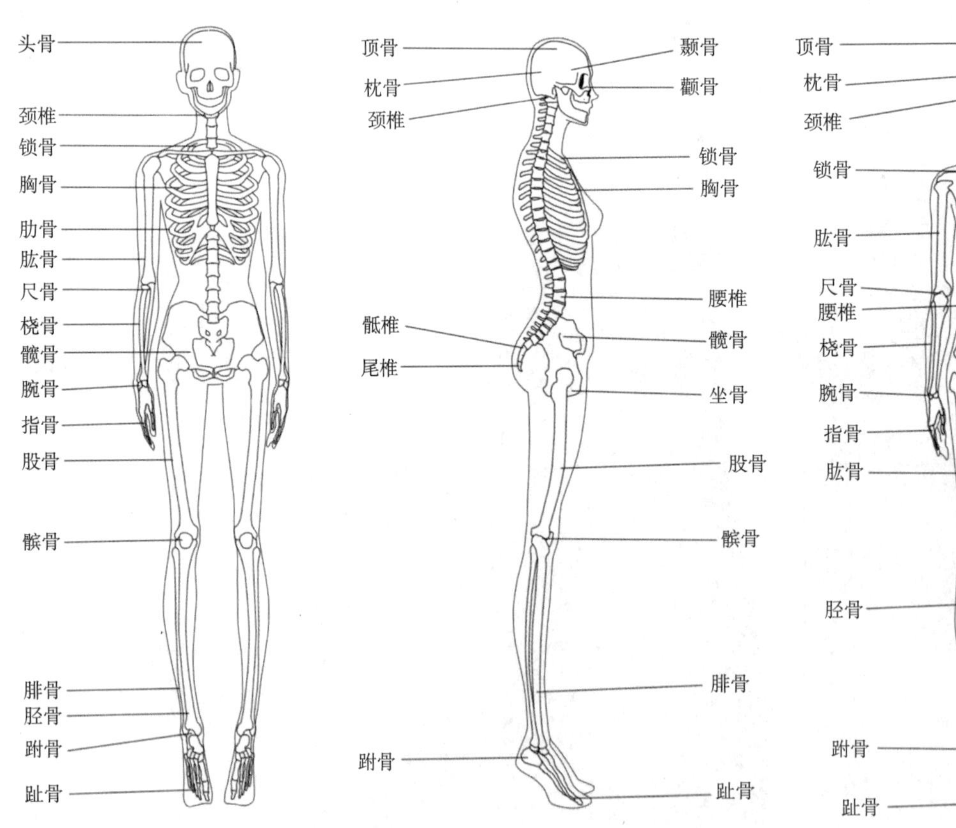

图3-1　人体骨骼正面

图3-2　人体骨骼侧面

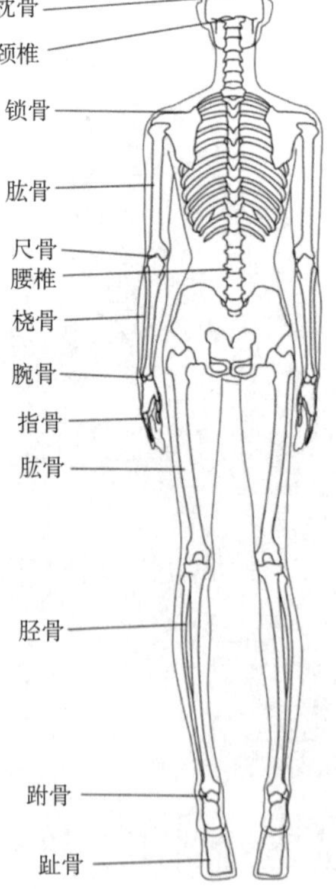

图3-3　人体骨骼背面

1. 颅骨

包括额骨、蝴蝶骨、枕骨、顶骨、颞骨、鼻骨、上颌骨、颧骨、下颌骨。

2. 躯干骨

包括脊椎、胸骨、肋骨、尾骨、骶骨。

3. 四肢骨

包括肩胛骨、锁骨、肱骨、尺骨、桡骨、腕骨、掌骨、指骨髋骨、股骨、髌骨、胫骨、腓骨、跗骨、跖骨、趾骨。

（二）肌肉

人体有1千多条肌肉主要有面部肌肉、躯干肌肉、臂部肌肉、腿部肌肉四种（图3–4）。

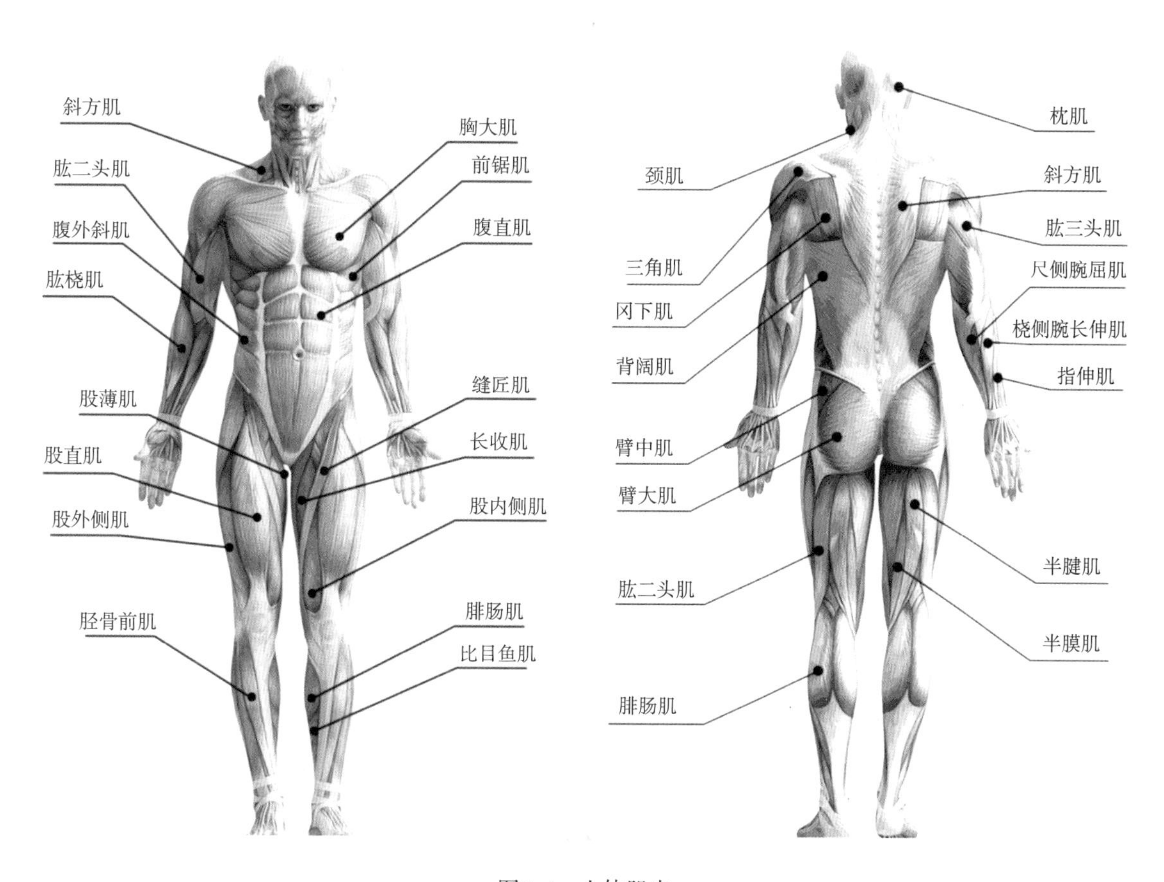

图3–4　人体肌肉

1. 面部肌肉

包括咬肌、颞肌、表情肌（扩张肌、收缩肌）。

2. 躯干肌肉

包括胸肌、三角肌、斜方肌、腹直肌、背阔肌、腹外斜肌、大圆肌、冈下肌、臀中肌、骶棘肌、阔筋膜肌。

3. 臂部肌肉

前侧：喙肱肌、肱二头肌、肱肌、旋前圆肌、屈肌群、肱桡肌。

内侧：旋前圆肌、肱桡肌、桡侧腕长伸肌。

外侧：肱三头肌、肘肌、伸肌群。

4. 腿部肌肉

前侧：阔筋膜张肌、缝匠肌、股直肌、股外肌、股内肌、胫骨前肌、腓骨长肌、趾长伸肌。

后侧：半腱肌、肱二头肌、腓肠肌、比目鱼肌。

外侧：臂中肌、臂大肌。

内侧：股薄肌、长收肌、髂腰肌、趾屈肌。

在练习人体之前，需要掌握人体的结构比例关系。在服装手稿绘画中人体身高一般以头长为单位，即头顶到下巴的长度为1个头长。正常的人体一般分为7～7.5个头长，服装手稿人体一般分为8～9个头长，能展示出服装在视觉上的美感与协调。

二、男性的人体结构比例

男性人体肩宽略大于2个头宽，腰略大于1个头长，臀宽约等于2个头宽，正侧面脚长为1个头长。当手臂自然下垂时，肘关节位与腰部平齐，手部中指与大腿中部平齐（图3–5）。

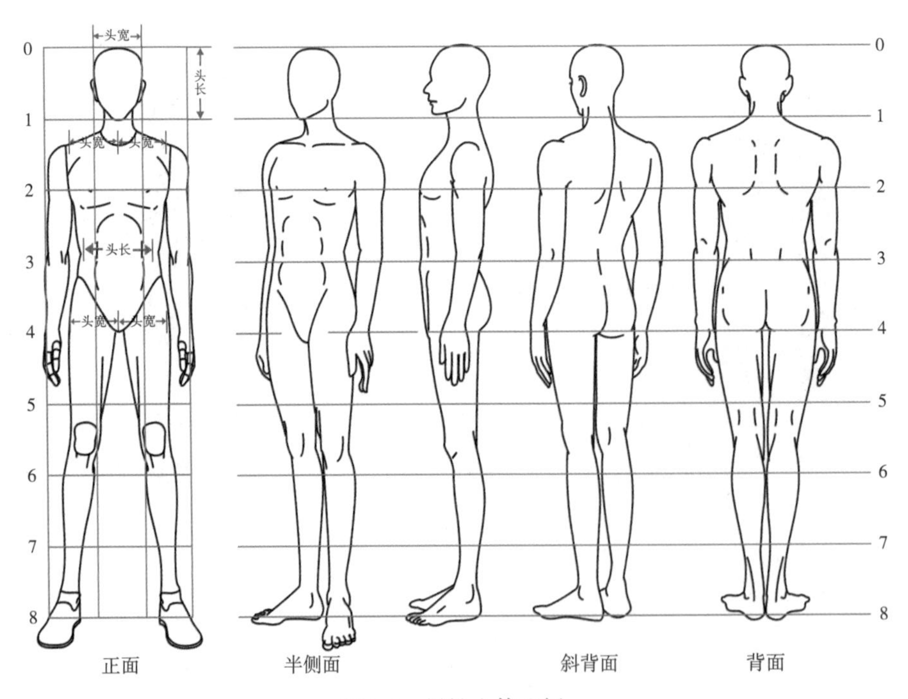

图3–5　男性人体比例

三、女性的人体结构比例

女性人体肩宽为2个头宽，腰略小于1个头长，臀宽略大于2个头宽，正侧面脚长为1个头长。当手臂自然下垂时，肘关节位与腰部平齐，手指与大腿中部平齐（图3-6）。

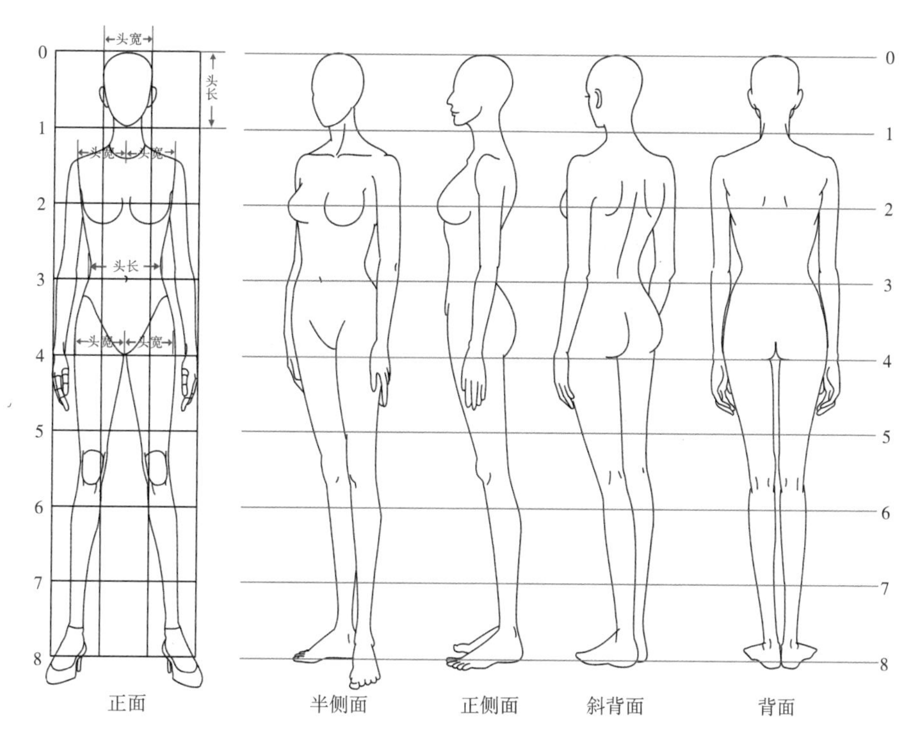

图3-6　女性人体比例

四、男性人体和女性人体的比较

男性和女性的人体的身长比例可以共用，但男性人体比女性人体要宽一些；男性人体四肢强壮且肌肉明显，而女性人体体型苗条且肌肉不明显；男性人体大于臀宽，而女性人体肩宽几乎与臀同宽，这些都是他们之间比较明显的差异（图3-7）。

五、儿童的人体结构比例

小于16岁的孩子都称为儿童，儿童又可以细分为婴童（0～1岁）、幼童（1～3岁）、小童（4～6岁）、中童（7～12岁）和大童（13～16岁）。幼童为4个头长、小童为5个头长、中童为6个头长、大童为7个头长。

小童肩宽为一个头长，腰宽略小于1个头长，臀宽略大于1个头长。当手臂自然下垂时，肘关节位于腰部平齐，腕关节位高于胯部，手部中指高于大腿中部（图3-8）。

儿童在成长过程中头部的增长是缓慢的，而腿部的增长却很明显且有规律。仔细观察会发现，幼童的腿长为1.5个头长，小童的腿长为2个头长，中童的腿长为2.5个头长，大童的腿长为3.5个头长（图3-9）。

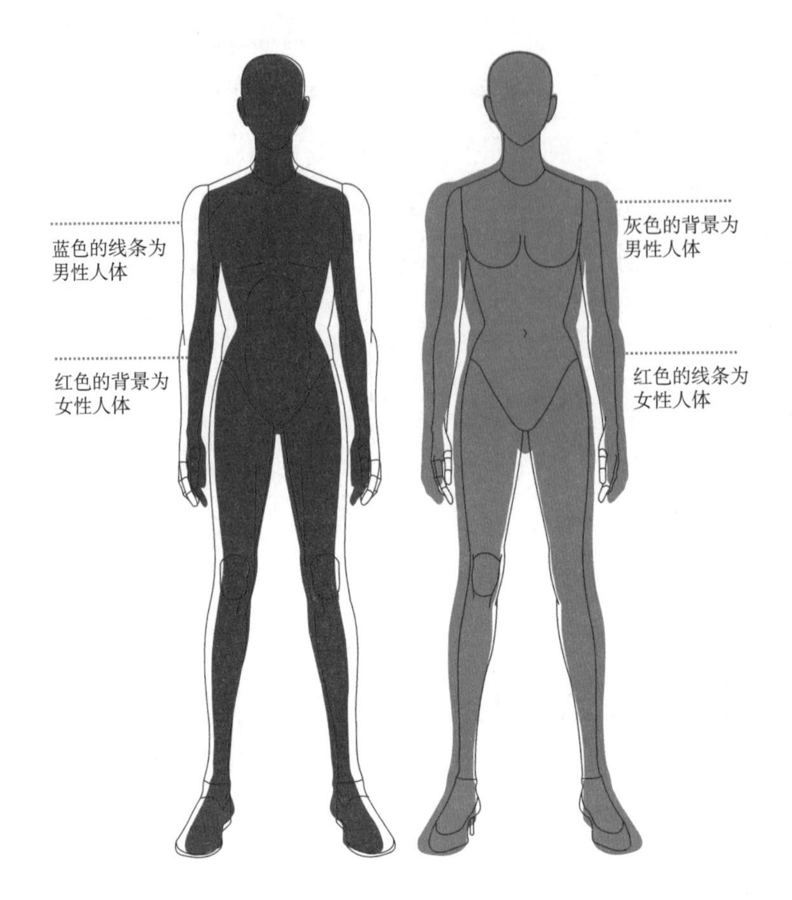

图3-7　男性人体与女性人体比较

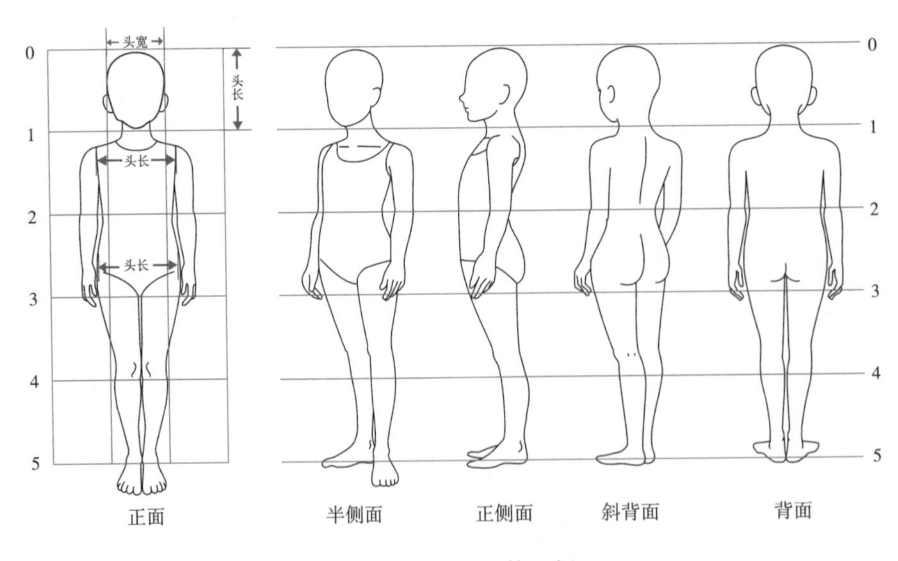

图3-8　儿童人体比例

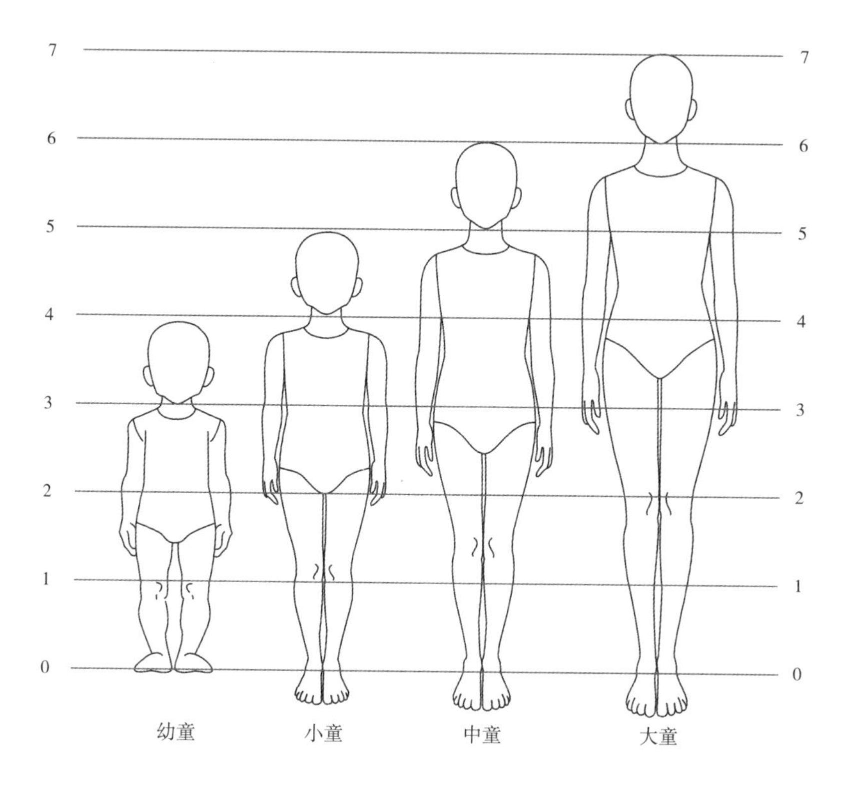

图3-9　儿童成长过程中腿长

第二节　人体头部的绘制方法

学习目标： 让学生掌握人体头部的手绘方法，并掌握人体头部表现技法。

教学要求： 要求学生掌握时装画男性、女性和儿童的头型和五官的位置、比例，以及头部和发型的画法。

实践项目： 教师讲解、分析男性、女性、儿童头部的结构比例，并给学生示范，使学生能理解、掌握男性、女性、儿童头部的画法。

一、面部比例

五官在脸部的位置：美学家用黄金切割法分析人的正面五官比例分布，以"三庭五眼"为修饰标准。三庭，指脸的长度分为3个等分，分别是从前额发际线至眉骨，从眉骨至鼻底，从鼻底至下颌，各占脸的1/3。五眼指脸的宽度比例，以眼睛的宽度计，两只眼睛之间有一只眼睛的距离，两眼外侧至两侧发际各为一只眼睛的间距，各占比例1/5（图3-10、图3-11）。

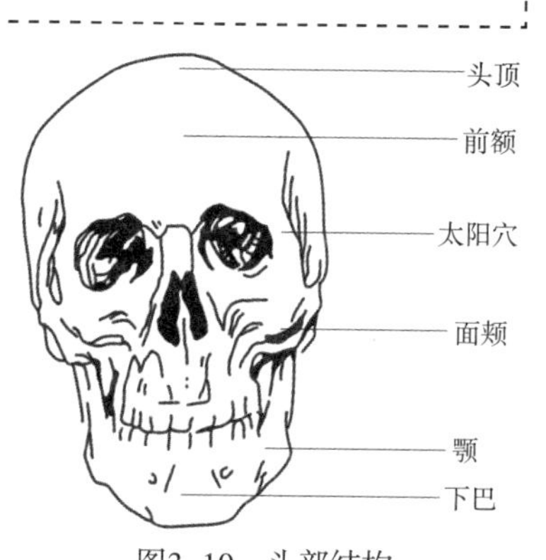

图3-10　头部结构

（一）正面

正面头部左右对称，按照“三庭五眼”的比例关系分布在面部，眉心、人中、唇凸点及下颌中点位于中轴线上，耳朵上端在眼睛水平线上一点，鼻尖位置与耳朵下端大致在同一水平线上。发际线在头顶至眼睛之间一半以上的位置，眼睛位置从头顶到下巴之间的1/2处。

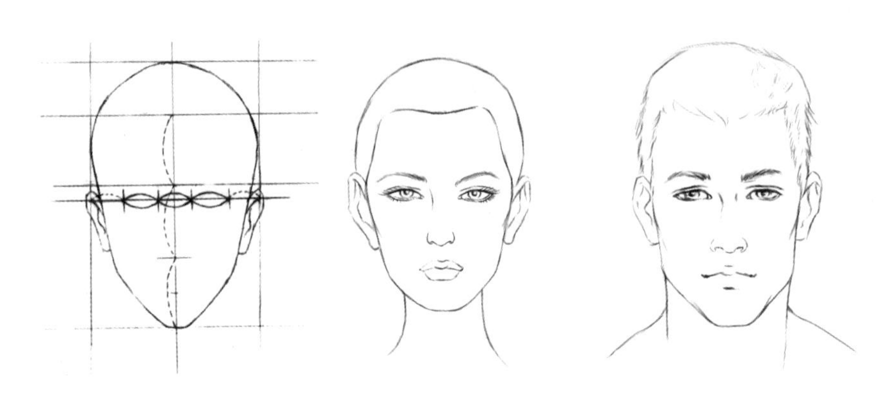

图3-11　头部正面绘制

（二）四分之三侧面

四分之三侧面是一个较难表现的角度，必须把握好眉弓、眼睛、鼻子以及嘴巴等部分透视线的位置关系，以及各部位在透视线下的具体表现（图3-12）。

图3-12　头部四分之三侧面绘制

（三）侧面

从侧面看，头的长宽相等，耳朵在头宽的三分之一处。另外，眉弓、鼻梁、上下嘴唇、下颌以及脖子间的位置关系也是表现的重点（图3-13）。

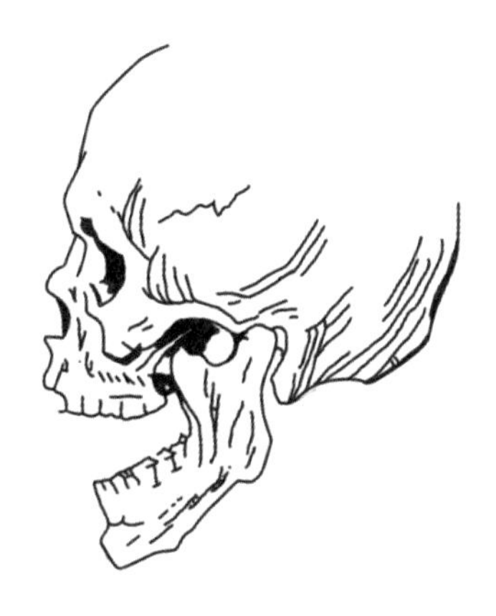

图3-13 头部侧面绘制

二、五官的绘制方法

（一）眼睛的绘制方法

眼睛是“心灵之窗”，眼睛的变化直接影响内在情感的表达，也是时装设计手稿中传达作品独特风格的一种表现方法。

男性、女性和儿童的眼睛的形态特点非常明显，男性的眉毛粗黑，眼眶扁圆、习惯皱着眉头；女性的眉毛细而精致，为了使眼睛看上去更大、更美丽，习惯用眉笔装饰眉毛；儿童的眉毛淡而短，眼眶接近于正圆形，眼珠几乎占满眼眶，习惯把眼睛睁得很大。

男性、女性和儿童的眼睛在手绘中笔触不一样，但绘制步骤是一样的。其步骤大致可分为4步。

（1）画出眼眶的轮廓线，注意区分内眼角与外眼尾斜角的变化。

（2）确定眼珠位置并绘制眼眶的结构，注意眼珠在眼眶内应稍微偏上一点。

（3）刻画眼珠，加黑色颜色并留出2～3个反光点，然后加深眼睑线，使其有深度感，接着修饰眉毛，使其符合脸部的形状。

（4）再进行画左右眼的练习，注意左右对称（图3-14）。

（二）鼻子的绘制方法

鼻子是由山根、鼻根、鼻梁、鼻尖和鼻翼组成，鼻脊至两眼中间处为山根，鼻翼下为鼻孔。男性的鼻子比较直挺，鼻梁比较高；女性的鼻子小巧秀美；儿童的鼻子短而圆。

男性、女性和儿童的鼻子在笔触上不尽相同，但绘制步骤是一样，其步骤大致可以分为2步。

（1）用辅助线确定鼻子外形和大小。

（2）参照辅助线描画出鼻根、鼻梁、鼻尖和鼻翼等，并完善鼻子的绘制（图3-15）。

（三）嘴巴的绘制方法

嘴巴上下嘴唇的形状由颌骨及其上面的牙齿所形成的曲面决定，上唇呈扁平状，在中间的弧形凹槽处有明显的转折。

男性、女性和儿童的嘴巴在手绘中笔触不尽相同，但绘制步骤是一样的，其步骤大致可

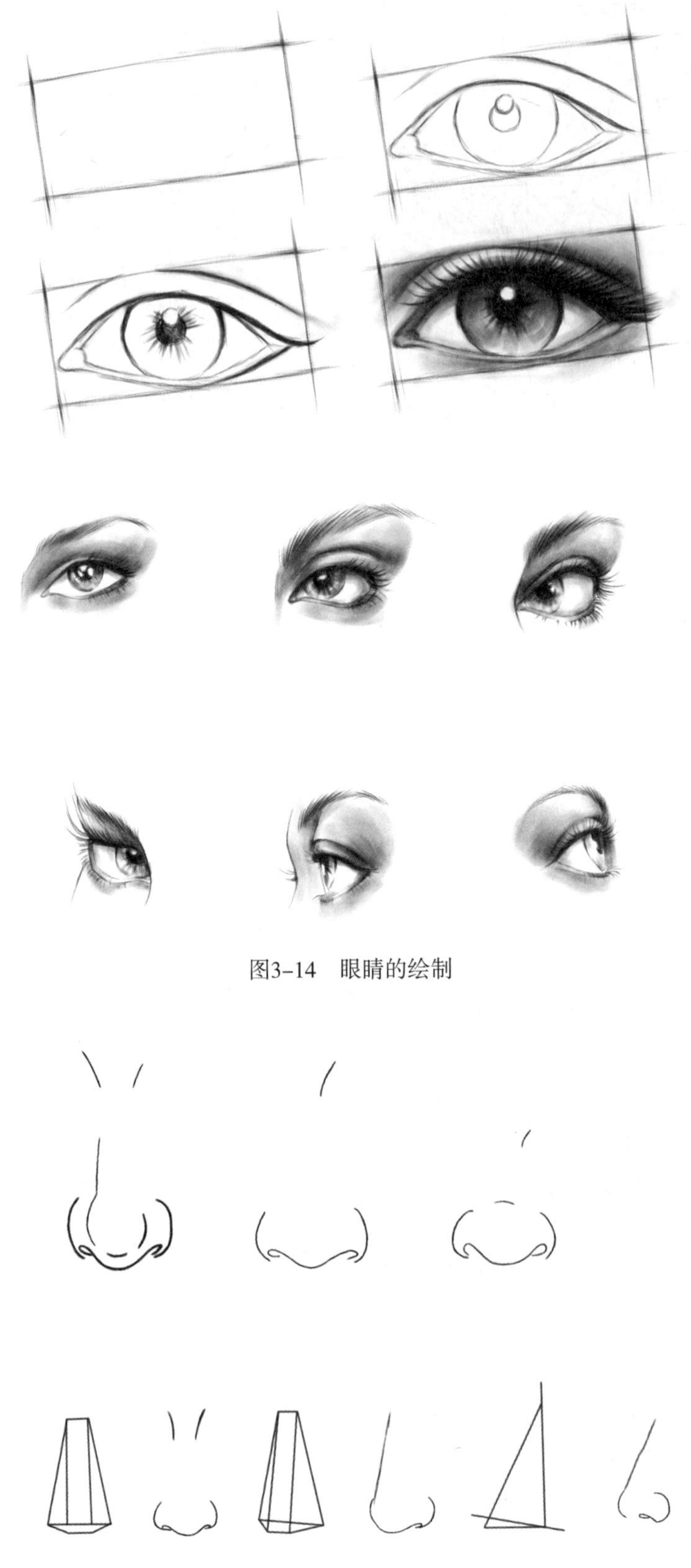

图3-14　眼睛的绘制

图3-15　鼻子的绘制

以分为3步。

（1）用辅助线确定嘴巴的大小。

（2）参照辅助线确定嘴巴外形轮廓。

（3）刻画嘴巴和唇纹线等，完善嘴巴形状的绘制（图3-16）。

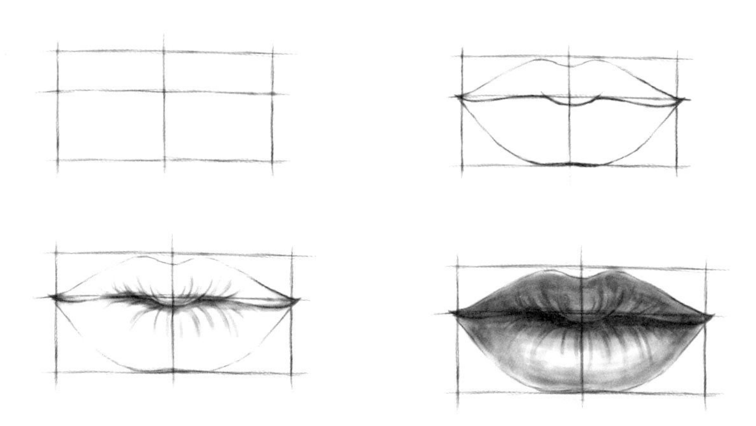

图3-16　嘴巴的绘制

（四）耳朵的绘制方法

耳朵由耳轮、耳丘和耳垂组成，长度大约为一个鼻长，高起眉心，耳根与鼻底齐平，最宽处相当于耳朵长度的一半（图3-17）。由于从正面看不到耳朵的全部，因此在五官造型中比较次要。

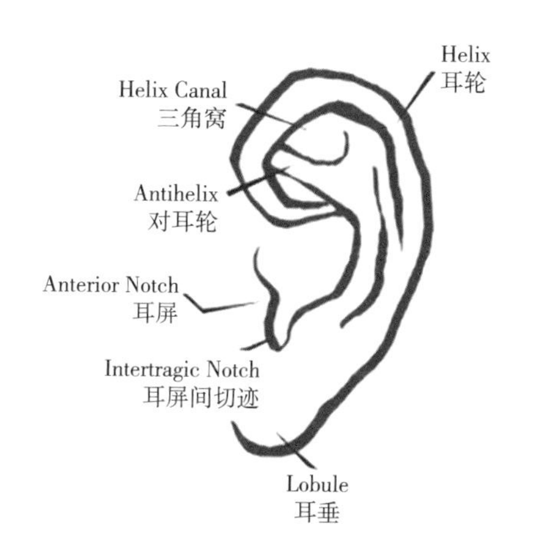

图3-17　耳朵的结构

男性、女性和儿童的耳朵外形区别不大，其绘制步骤可以分为两步。

（1）大致勾勒出耳朵的基本形状。

（2）参照基本形状刻画耳朵内部结构并完善耳朵的绘制（图3-18）。

三、脸型的绘制方法

在绘制脸型时，需要了解五官在脸部的位置，然后根据“三庭五眼”的关系来确定脸型

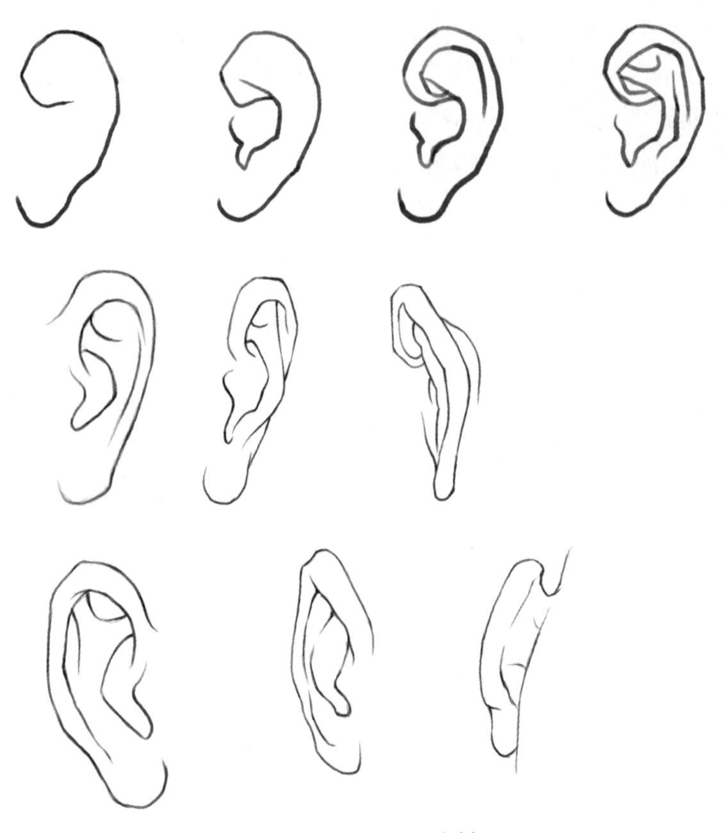

图3-18　耳朵的绘制

的长与宽，完美的正脸长和宽比例为3：2。人的脸型有7种，即圆形、长形、方形、正三角形、倒三角形、菱形及椭圆形。

男性、女性和儿童的脸型在手绘中笔触不尽相同，但绘制步骤是一样，其步骤大致可以分为3步（图3-19）。

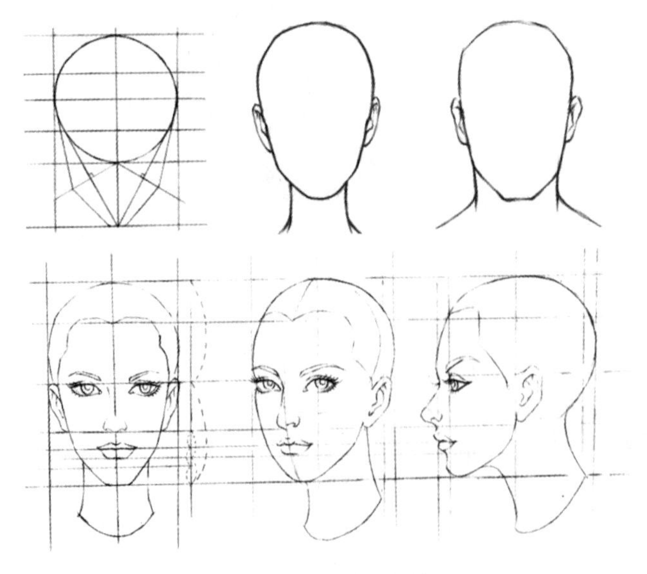

图3-19　脸型的绘制

（1）借助直尺绘制出等份格，然后用定位点或线确定脸型的长与宽。

（2）参照中心线及定位点线，以绘制正圆和椭圆的方式来确定脸部基本型。

（3）参照脸部基本型，进一步刻画脸部轮廓并完善脸部的绘制。

四、发型的绘制方法

脸型和头型是决定发型最重要的因素，而发型由于其可塑性又可以修饰脸型和头型。绘制发型时应以椭圆形头型为参照依据，从而调整头发外形轮廓。

男性、女性和儿童的发型在手绘中笔触不尽相同，但绘制步骤是一样的，其步骤大致可以分为2步。

（1）参照图3-19头型，描绘出发型的基本结构和轮廓。

（2）刻画局部并完善发型的绘制（图3-20）。

图3-20 发型的绘制

五、头部的绘制方法

（一）男性头部绘制方法

男性的头部给人感觉俊朗、有力，和女性头部的轮廓相比较，结构突出，棱角分明。画好男性头部有七个要求：

（1）面部结构明显，需突出的结构有眉弓、颧骨、口轮匝肌、下颌骨。

（2）眉毛浓密、粗黑。

（3）眼睛较小且线条带棱角。

（4）鼻头较大，鼻孔较粗。

（5）嘴较宽大，唇线不要画得太完整。

（6）耳朵的轮廓线条分明。

（7）喉结突出，脖子较粗。

绘画步骤：

（1）画出男性头型（注意轮廓较有棱角）。

（2）定出发际和眉毛、鼻子的位置（注意三庭之间的距离要大致相等）。

（3）定出眼睛和嘴的位置（眼睛大致在头长的1/2处）。

（4）画出五官，头发和颈部（男性的颈部较粗）（图3–21）。

（二）女性头部绘制方法

美的东西都会给人舒爽的感觉，一张漂亮的脸庞也总能使人感到赏心悦目、身心愉快，因此我们进行时装绘画时也应注意到，美好的脸庞能将服装衬托得更美。当今著名的国际时装画大师和一些知名的设计师都会将手稿的头部表现得非常自然、唯美，因此，我们在画时装画时表现女性的头部时，就应力求将女性俊俏、柔美的特点画出来（图3–22）。

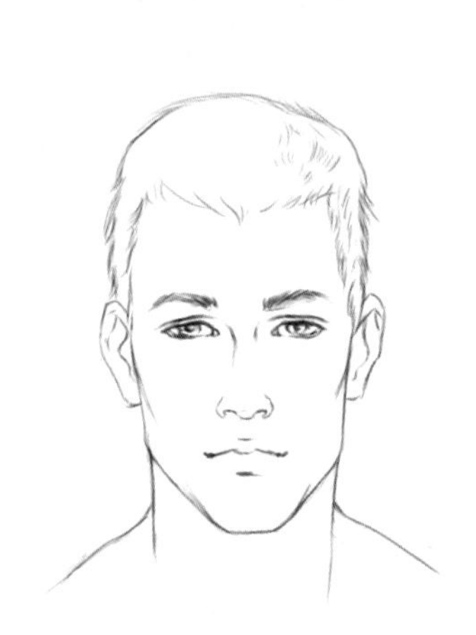

图3–21 男性头部绘制

图3–22 女性头部绘制

（三）儿童头部绘制方法

儿童头部总体特征是脸蛋圆、头大、眼睛大、鼻子小、耳朵大、嘴巴小、眉毛清淡。画好儿童头部有七个要诀：

（1）头型圆、脸蛋胖、头顶圆、额头宽。

（2）眉毛清淡，头发柔软。

（3）眼睛圆，黑眼珠大。

（4）鼻头较大，鼻孔较小。

（5）嘴唇薄小，唇线不要画得太粗。

（6）耳朵较大，轮廓线条分明。

（7）脖子短而细。

绘画步骤：

（1）画出较圆的头型（注意脸蛋比较圆）。

（2）定出发际和眉毛、鼻子的位置（注意额头较宽）。

（3）定出眼睛和嘴巴的位置。

（4）画出五官及头发（图3–23）。

图3–23 儿童头部绘制

（四）头、颈、胸的关系

头部通过颈部与胸部连结。颈部像一段圆柱体，位于头部和胸部之间。头部与颈、颈与胸部在结构上是相互嵌入的，就像木匠合榫一样。由于颈椎有一个自然的生理曲线，因此，颈部并不是自然垂直的，在自然的常态下，头部也不是垂直的。从侧面看，颈部呈倾斜状的长方形，头部在靠前位置与颈连结；从正面看，颈的界线从下颌骨两旁一直垂下，圆柱状的颈部由三块三角形的面组成。男子颈部（颌底至锁骨）的长度，等于颌底到鼻底的长度。颈部两侧，从颈窝两边的锁骨和胸骨一直伸到耳后的乳突有一对“胸锁乳突肌”，它的伸缩能使颈部（头部）转动。

头和颈的关系可以看成椭圆形球体、圆柱体的结合，其关键结合点如图3–24所示。

图3–24　头、颈、胸的关系

第三节　肢体局部表现技法

学习目标： 让学生全面掌握男性、女性和儿童的肢体局部结构比例。

教学要求： 要求学生掌握时装画男性、女性和儿童肢体局部的结构比例变化，局部表现技法。

实践项目： 教师讲解、分析男性、女性、儿童肢体局部的比例动态，并给学生示范，使学生能理解并掌握男性、女性、儿童肢体局部的画法。

一、上肢表现技法

上肢包括上臂和手。画手臂时一定要注意上臂的曲线变化，因为曲线部分代表的是肌肉，切记不要画成直线。

（1）上臂：为臂根部稍粗的锥形体。

（2）小臂：为两端细、中上部宽的梭形。

（3）手：手掌和手指的组合。

（一）手部的绘制方法

手部由手指和手掌组成，两部分长度基本相同，手腕到拇指末端的长度等于虎口到食指末端的长度。把手可以想象成一个从旁边伸出拇指，底部伸出其他手指的浅浅的长方形盒子，手的长度约为3/4头长（图3–25）。

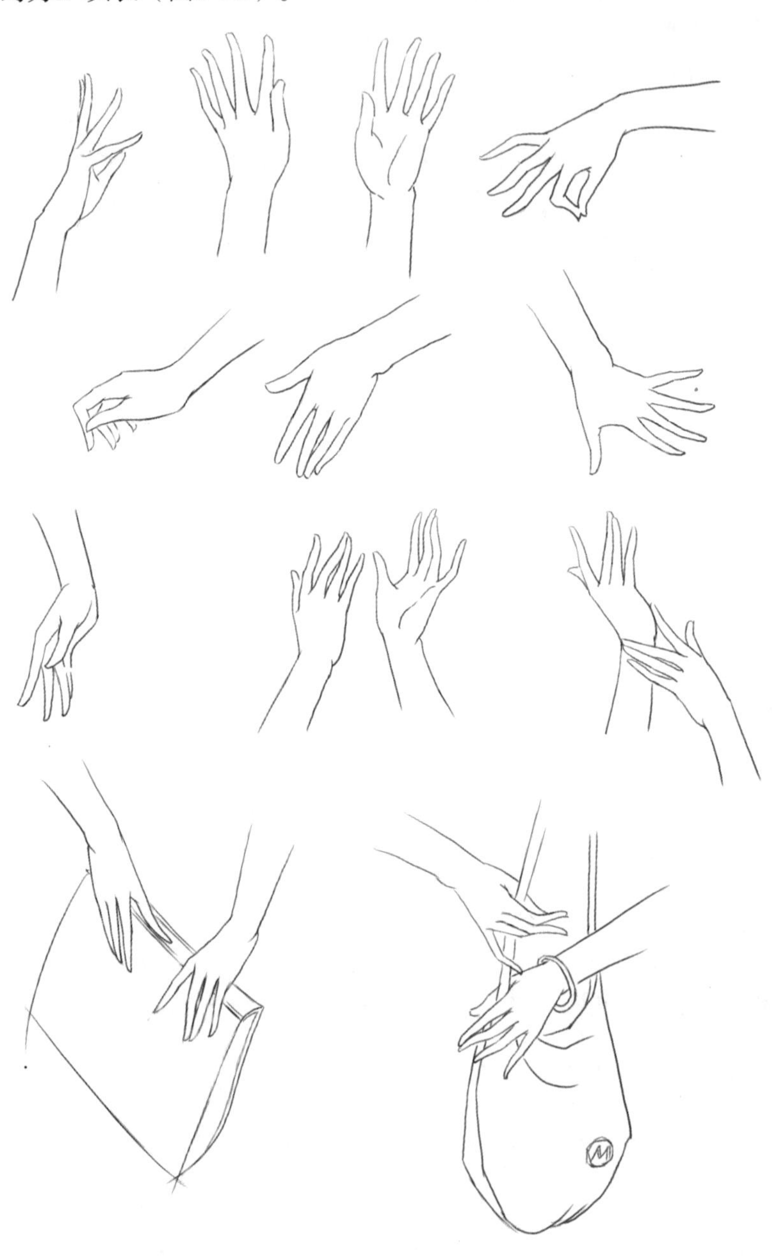

图3–25　手部表现技法

（二）手臂的绘制方法

手臂是在人体当中活动范围最大的部位。肩关节是上臂的动作中心点，肘关节是前臂的动作中心点，腕关节则是手活动中心点。

手臂的外形体块结构：上臂和腕部接近扁方形，手掌向前时两边方形方向基本一致，前臂上部呈圆柱体。在表现手臂时要注意肩关节和肘关节的位置及其透视距离变化（图3–26）。

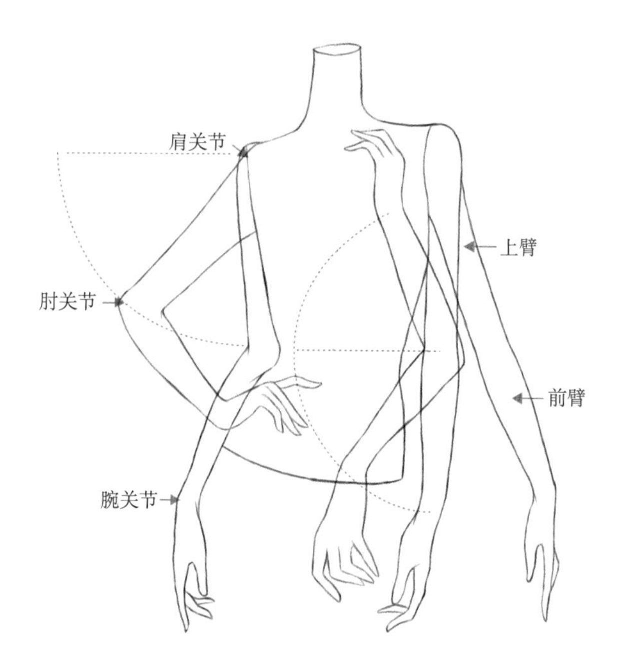

图3–26　手臂的绘制方法

女性上肢：手臂无肌肉感，纤细柔和，手掌纤细、有骨感。

男性上肢：手臂肌肉感较强，较粗重，手掌较宽厚。

儿童上肢：手臂有胖乎乎的感觉，手掌较短胖（图3–27）。

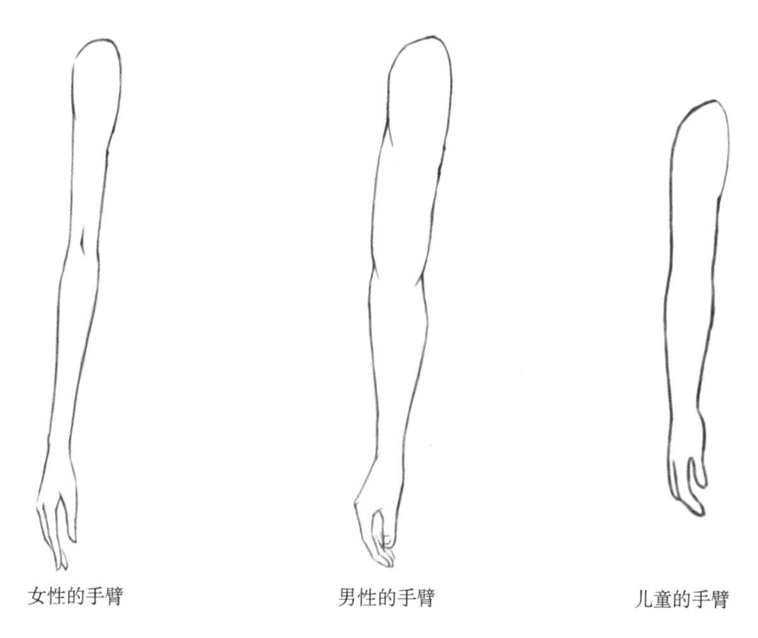

图3–27　女性、男性、儿童手臂对比

二、下肢表现技法

下肢包括大腿、小腿和脚。

（1）大腿：为一个上宽下窄的锥形体。

（2）小腿：为两端细中上部宽的锥形体。

（3）脚：为两个梯形体的组合。

（一）脚的绘制方法

脚是由脚趾、脚背和脚后跟组成，三者的扭动和转折决定了脚的形态，脚的长度相当于1个头长，脚部与鞋子的表现息息相关，脚背的透视和弧度变化与鞋跟的高度有关（图3-28）。

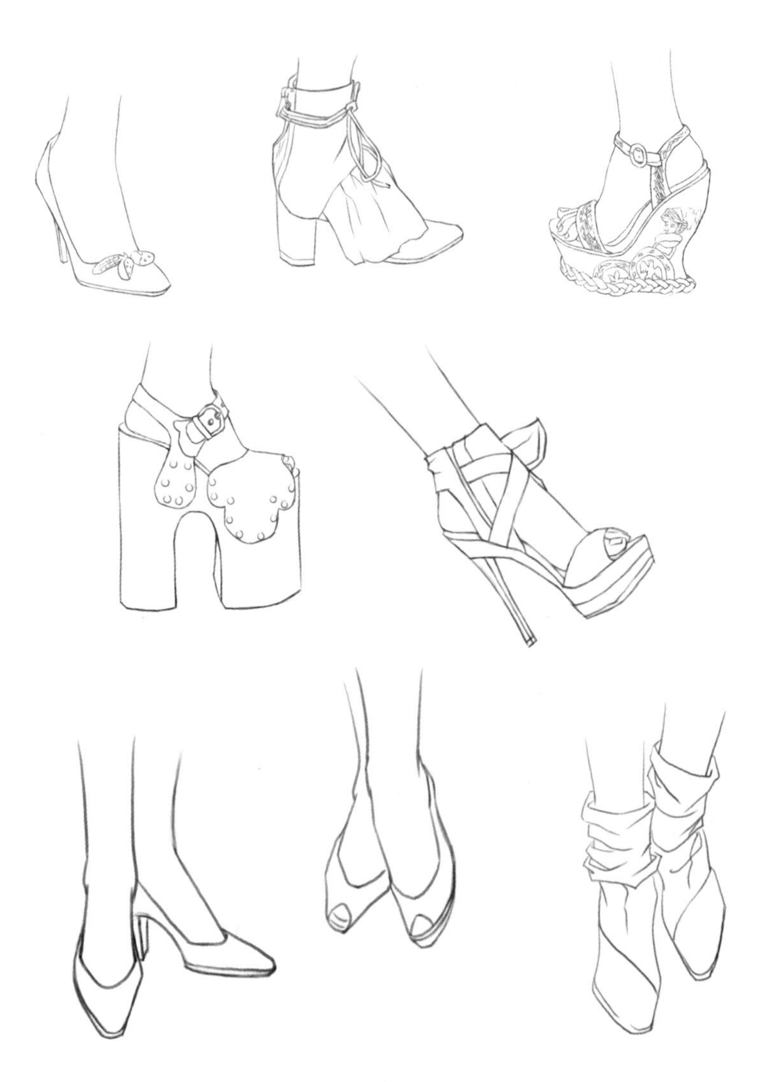

图3-28　脚的手绘方法

（二）腿部的手绘方法

腿部是一个呈上粗下细的圆柱体，主要由大腿、小腿和膝关节组成。膝关节是影响人体动态和外形的重要支点，并连接大腿和小腿进行弯曲运动。人体动态中心稳不稳，主要由腿部决定。通常先绘制重心腿（重心腿是支撑身体的腿），再绘制另一条腿（姿态腿），重心腿定位后，姿态腿可以随意变化摆放姿态（图3–29）。

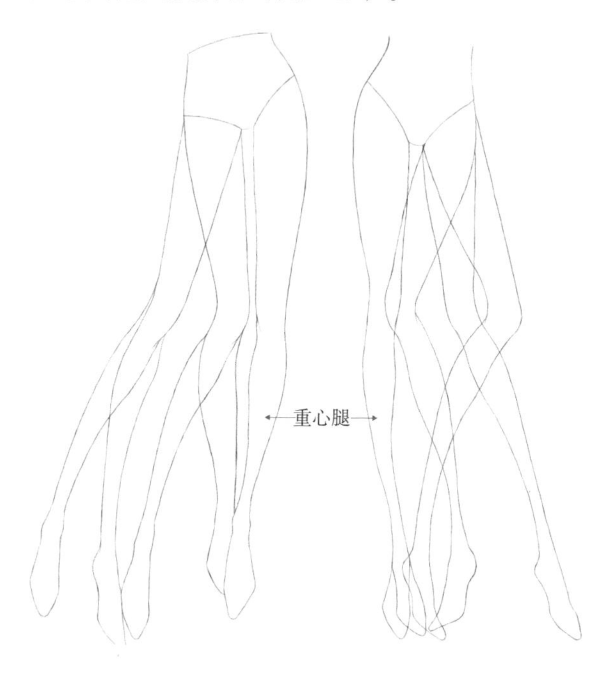

图3–29　腿部绘制方法

女性下肢：腿部细长秀美，有曲线感，脚部细长，后跟饱满而圆润。

男性下肢：腿部粗壮，有肌肉感，脚部关节较粗，有力度感。

儿童下肢：腿部圆滑，有胖乎乎的感觉，脚部无肌肉感（图3–30）。

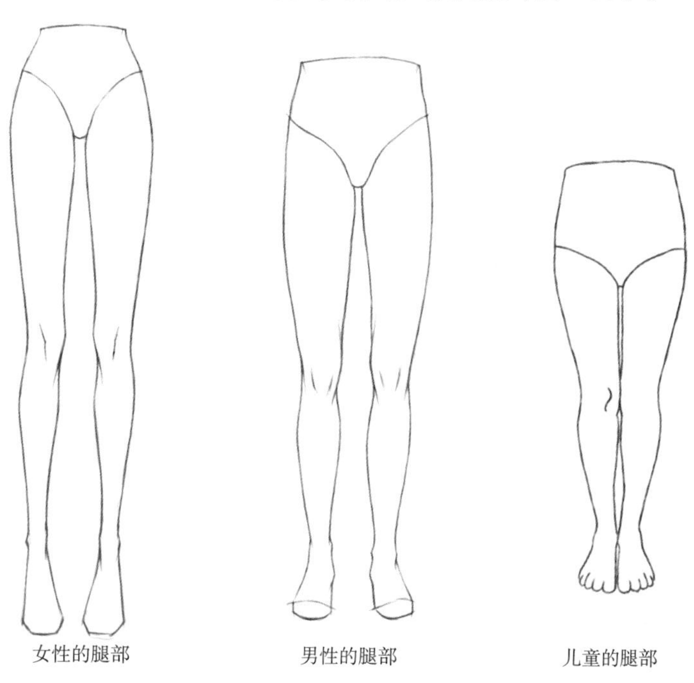

图3–30　女性、男性、儿童腿部对比

第四节　男性、女性、儿童身体表现技法

学习目标： 让学生掌握人体的不同动态表现技法。

教学要求： 要求学生掌握时装画男性、女性和儿童身体正、侧、四分之三侧面动态比例的变化，以及不同动态的表现技法。

训练目的： 教师讲解、分析男性、女性、儿童身体正、侧、四分之三侧面比例动态，并教师给学生示范，使学生能理解、掌握男性、女性、儿童身体正、侧、四分之三侧面的画法。

一、女性身体表现技法

时装画中，应表现出女性的身体特征：女性的骨盘与肩同宽，而腰较细；女性的胸部丰满，女体形成S形曲线；同时，女人体的躯干部分比男人体短，四肢更为修长，关节也精致。

（一）正面

（1）画一条垂线段作为身高，并做9等分；并在此垂线上分别标出人体各关键部位的名称。在第一个头长的地方把头部画出来，在第二个头长的1/2处标出肩的位置，肩宽为2个头宽。在第三个头长的地方标出腰节的位置，腰宽为1个头长。在第四个头长的地方标出臀围的位置，臀宽为2个头宽。在第六个头长处标出膝盖的位置。在第八个头长的地方标出脚踝的位置。在第九个头长处标出脚尖的位置。

（2）定出肩宽、腰宽和臀宽，画出肩到腰和腰到臀的两个梯形。

（3）画出下肢并连接胸廓和臀部曲线。

（4）画出上肢，注意手臂垂下去时，肘关节的位置在腰节处。

（5）画出颈部和胸部，注意肩部有肩斜，胸部轮廓可理解为圆形（图3–31）。

（二）侧面

（1）画出9等分的标记点，然后参照标记等分点绘制出头、脖子、肩宽线和人体动态线。

（2）由于人体动态变化，肩宽为1个头宽。参照肩宽线和等分标记点，绘制出胸线、胸底线、腰线和胯部线，然后把胸腔看成一个倒梯形，胯部看成一个正梯形，完成人身体部位的绘制。

（3）参照等分标记点和重心标记点绘制腿部和腿部结构，完成人体下半身部位的绘制。

（4）参照腰部、胯部和大腿中部等分标记点，完成人体手臂和手的绘制（图3–32）。

（三）四分之三侧面

（1）画出重心线，并画出头部，注意头部跟重心线的位置关系。

（2）画出肩部到腰部的梯形和腰部到臀部的梯形，注意两个梯形的透视变化。

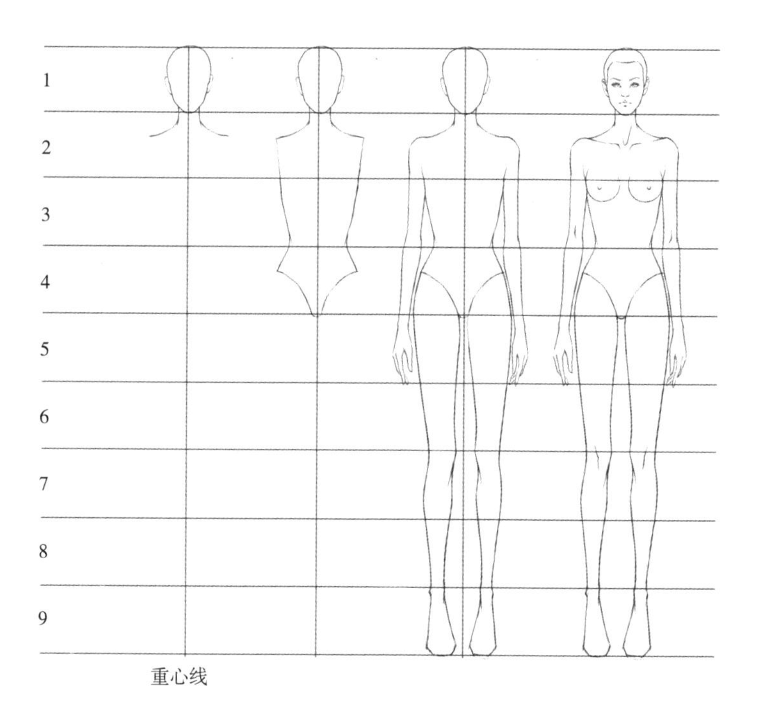

图3-31 女性身体正面绘制方法

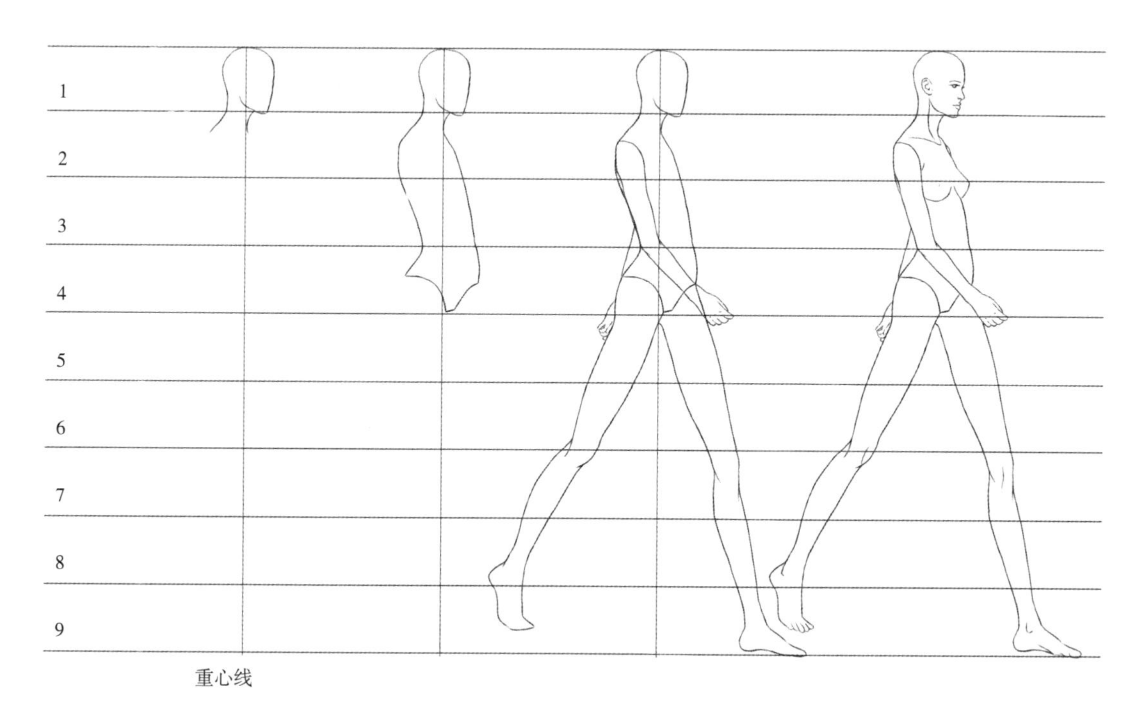

图3-32 女性身体侧面绘制方法

（3）画出下肢，注意重心要稳。

（4）画出倾斜的脖子、外凸的胸及腰臀的曲线。

（5）画出上肢和锁骨，注意线条流畅柔美（图3-33）。

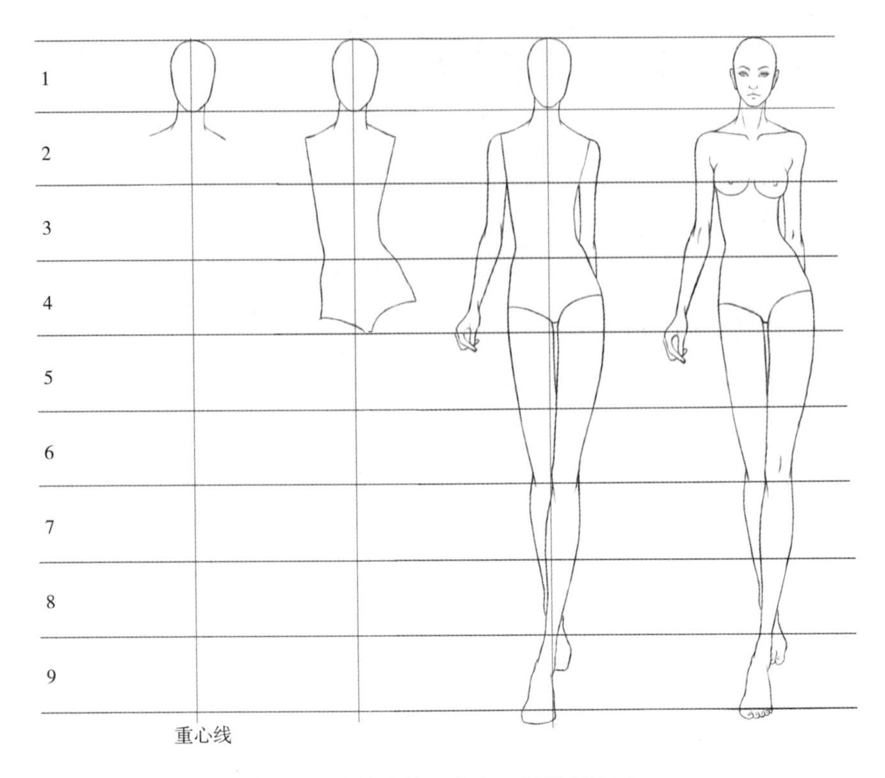

图3-33　女性身体四分之三侧绘制方法

二、男性身体表现技法

在绘制男性身体时，我们应该注意的男性身体特征为：身材魁梧、肌肉发达、四肢粗壮、颈部粗短、肩宽臀窄、手脚粗大。

（一）正面

（1）在画面上描出9等分标记点，然后参考标记点绘制出头、脖子和肩宽线，肩宽略大于两个头长。

（2）参照肩宽线和等分标记点，绘制出胸线（第2个头长处为胸线）、腰线（第3个头长处为腰线，腰线宽略大于一个头长）和胯部线（第4个头长处为胯部线，胯部线宽为两个头宽），然后把胸腔看成一个倒梯形，胯部看成是一个正梯形，完成人身体部位的绘制。

（3）参照等分标记点，第5个头长处为大腿中部，第6个头长处为膝关节，第7个头长处为小腿中部，第8个头长处为踝关节，第9个头长为脚部，完成人下半身部分的绘制。

（4）手臂自然下垂时，肘部与腰部平齐，腕部与人体底端平齐，完成人体手臂和手的绘制（图3-34）。

（二）侧面

（1）画出9等分标记点，然后参照标记等分点，绘制出头、脖子、肩宽线和人体动态线。

（2）由于人体动态变化，肩宽为1个头宽。参照肩宽线和等分标记点绘制出胸线、胸底线、腰线和肘部线，然后把胸腔看成一个倒梯形，胯部看成一个正梯形，完成人身体部位的绘制。

（3）参照等分标记点和重心标记点绘制出腿部和脚部结构，完成人体下半身部位的绘制。

（4）参照腰部、胯部和大腿中部等分标记点，完成人体手臂和手的绘制（图3-35）。

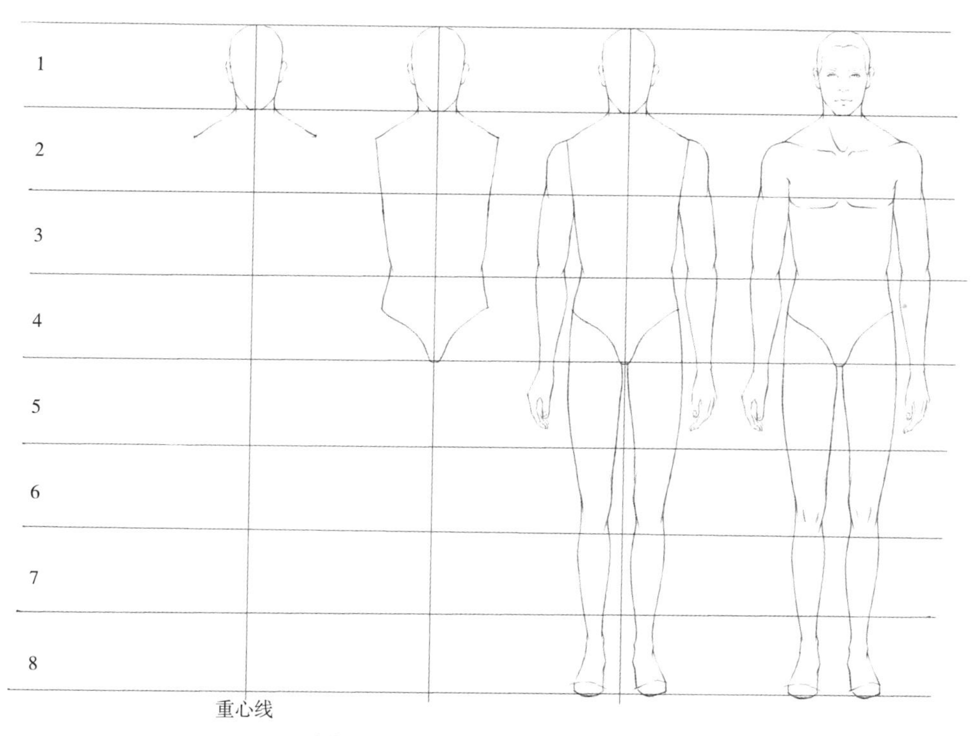

图3-34　男性身体正面绘制方法

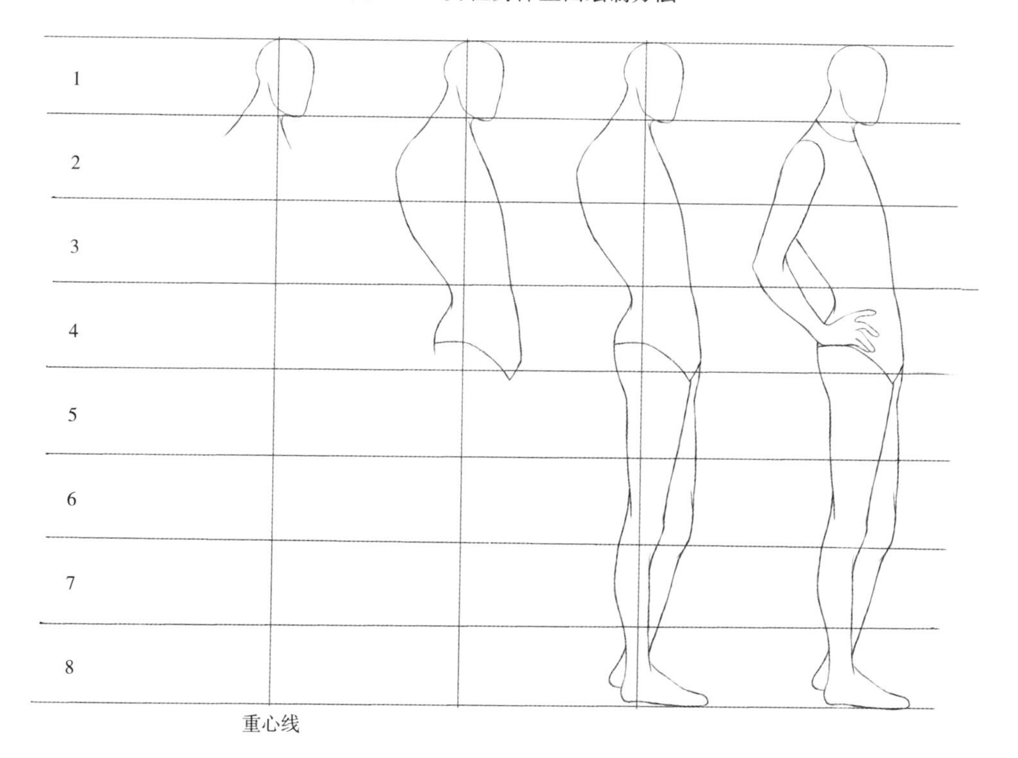

图3-35　男性身体侧面绘制方法

（三）四分之三侧面

（1）画出重心线，并画出头部，注意头部跟重心线的位置关系。

（2）参考肩宽线和等分标记点，画出肩部到腰部的梯形和腰部到臀部的梯形，由于透视变化，肩宽略小于正面人体的肩宽，注意两个梯形的透视变化，肩宽线发生倾斜时，胯部线会与之反向倾斜。

（3）画出下肢，注意重心应落在两脚间或其中一只支撑脚上。

（4）参照腰部、胯部和大腿中部等分标记点，完成人体手臂和手的绘制（图3-36）。

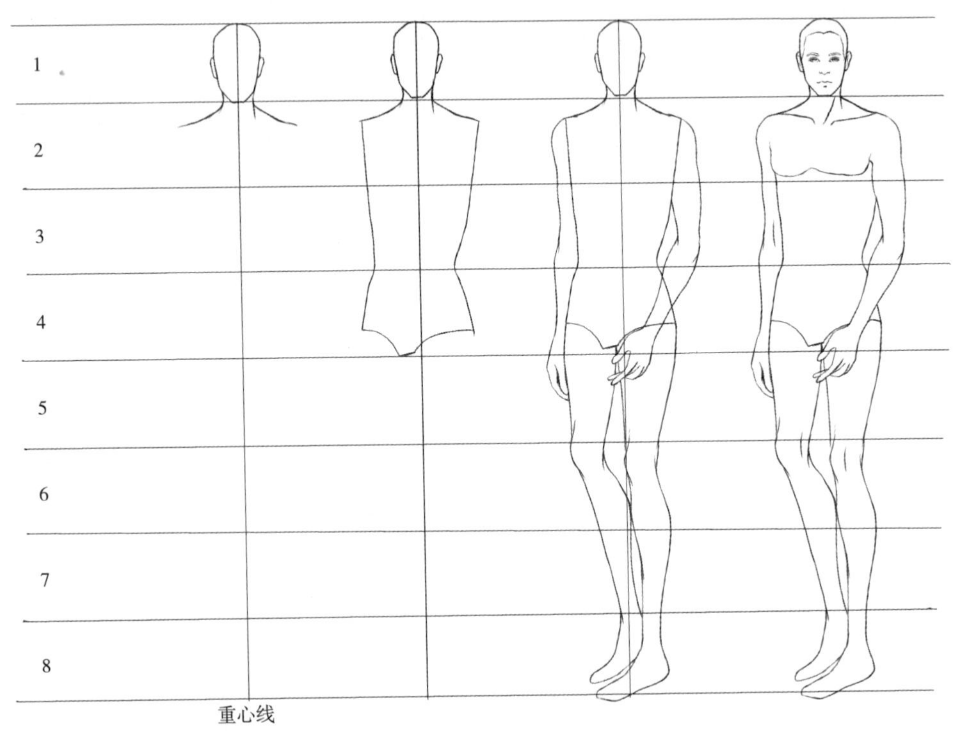

图3-36　男性身体四分之三侧面绘制方法

三、儿童身体表现技法

儿童身体的总体特征是头大而圆，脖子细而短，腰呈现桶形，四肢短肥，手脚小而胖。

（一）幼童正面

（1）在画面上描绘出4个等分标记点，然后参考标记等分点绘制出头、脖子和肩宽线，肩宽1个头宽。

（2）参照肩宽线和等分标记点，绘制出腰线（第2个头长处为腰线，腰线宽略小于1个头长）和胯部线（第3个头长处为胯部线，胯部线宽为1个头长），注意童体的胸腰差不大。可以把胸腔看成是一个倒梯形，胯部看成是一个正梯形，完成身体部位的绘制。

（3）参照等分标记点和重心标记点绘制出腿部和脚部结构，完成人体下身部分的绘制。

（4）手臂自然下垂时，肘部在腰部以上一点，手部指尖在大腿中部上一点，完成人体手臂和手的绘制（图3-37）。

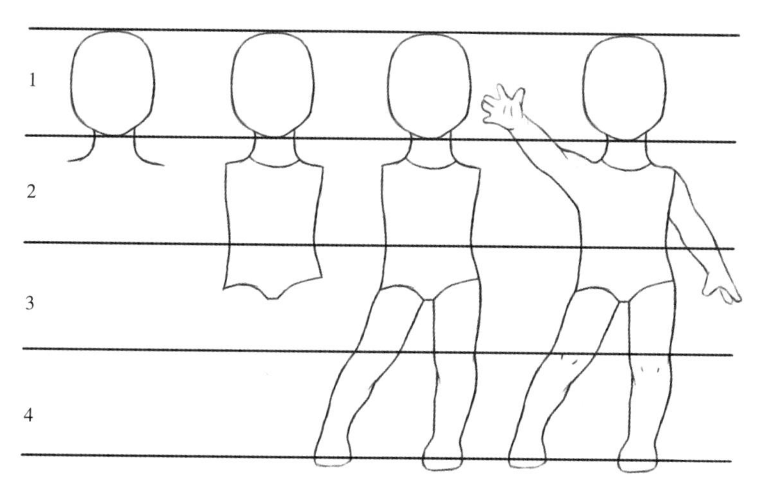

图3–37　幼童身体正面绘制方法

（二）大童侧面人体

（1）画出7个等分的标记点，然后参照标记等分点，绘制出头、脖子、肩宽线和人体动态线。

（2）参照肩宽线和等分标记点，绘制出腰线和胯部线，然后把胸腔看成是一个倒梯形，胯部看成是一个正梯形，完成身体部分的绘制。

（3）参照等分标记点和重心标记点绘制出腿部和脚部结构，完成人体下身部位的绘制。

（4）参照腰部、胯部和大腿中部等分标记点，完成人体手臂和手的绘制（图3–38）。

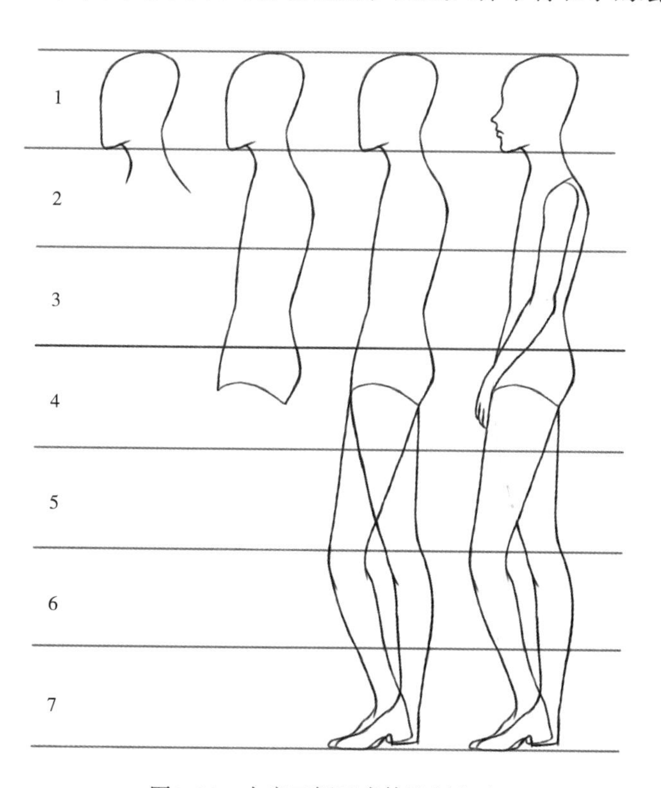

图3–38　大童正侧面身体绘制方法

（三）小童四分之三侧面人体

（1）画出5个等分的标记点，然后参照标记等分点，绘制出头、脖子、肩宽线和人体动态。

（2）参照肩宽线和等分标记点，绘制出腰线和胯部线，然后把胸腔看成是一个倒梯形，胯部看成是一个正梯形，完成身体部位的绘制。

（3）参照等分标记点和重心标记点绘制出腿部和脚部结构，完成人体下身部位的绘制。

（4）参照腰部、胯部和大腿中部等分标记点，完成人体手臂和手的绘制（图3-39）。

图3-39　小童身体四分之三侧面绘制方法

四、常用的T台人体动态

女性模特在T台走一字步时，这种步态能够突显臀部的摆动，展现出女性身体的曲线美，在展示服装时显得直接生动，因此这也是时装画中最常用的动态（图3-40、图3-41）。

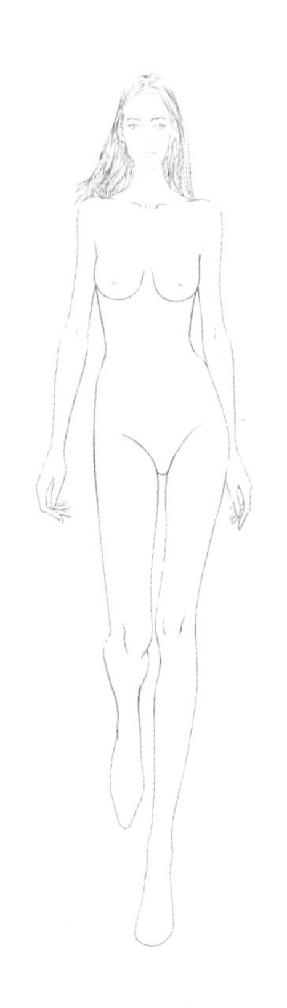

图3-40　T台动态（一）

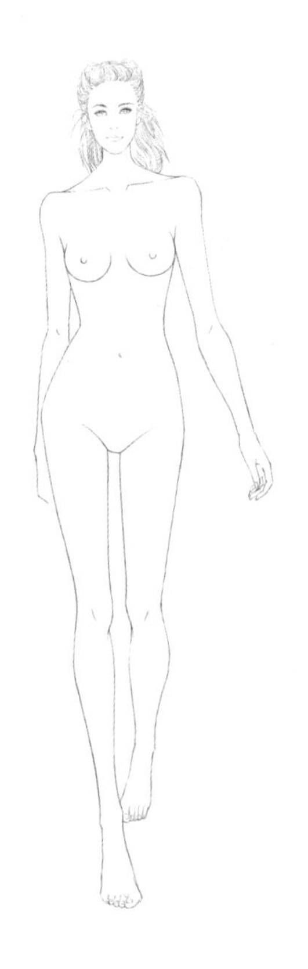

图3-41　T台动态（二）

第五节 绘制人体模板

学习目标：让学生掌握男性、女性和儿童人体模板的绘制技法。
教学要求：要求学生掌握时装画中男性、女性、儿童人体模板的绘制。
实践项目：教师讲解、分析并示范男性、女性、儿童人体模板的绘制。

一、绘制女体模板

（1）完成上半身绘制，确定人物身体比例。

（2）完成下半身绘制。

（3）腿部的长度等于躯干的长度，腿从裤线开始，止于脚趾。

（4）正面重心线是一条看不见的缝合线，它从颈窝处向下穿过人体中心，一直延伸到躯干末端的胯部。

（5）在躯干上添加缝合线（图3-42）。

图3-42 女体模板

二、绘制男体模板

（1）将一个网格分为几个部分，每个部分与人体（从躯干到腿）上的自然弯曲部位对应。

（2）如“绘制女体模板”一节所述，先绘制人物的一边。按角度或实际轮廓绘制从下颌到脚趾之间的所有部位。

（3）描摹已经完成的那半边，得到两个完全一样的半边，在绘制时要保持左右两边的大小和造型相互匹配（图3–43）。

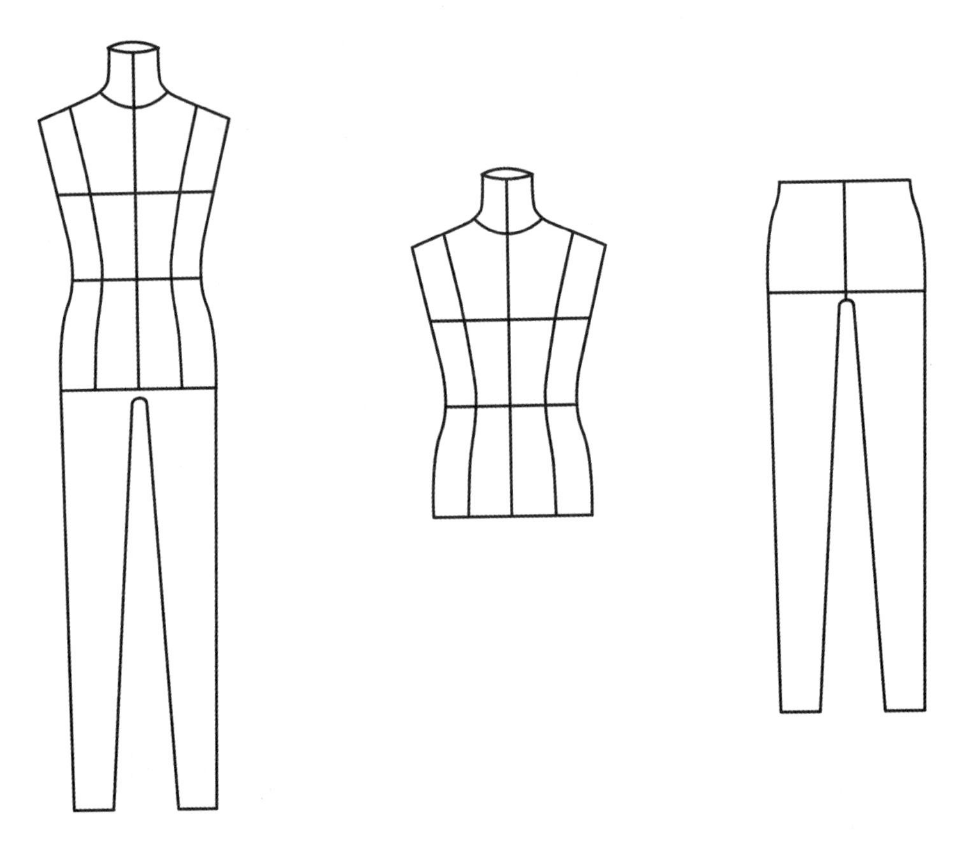

图3–43　男体模板

三、绘制童体模板

（1）将一个网格分几个部分，每个部分与人体（从躯干到脚）上的自然弯曲部位对应。

（2）如“绘制女体模板”一节所述，先绘制人物的一边。按角度或实际绘制从下颌到脚趾之间的所有部位。

（3）描摹已经完成的那半边，得到两个完全一样的半边，在绘制时要保持左右两边的大小和造型相互匹配（图3–44）。

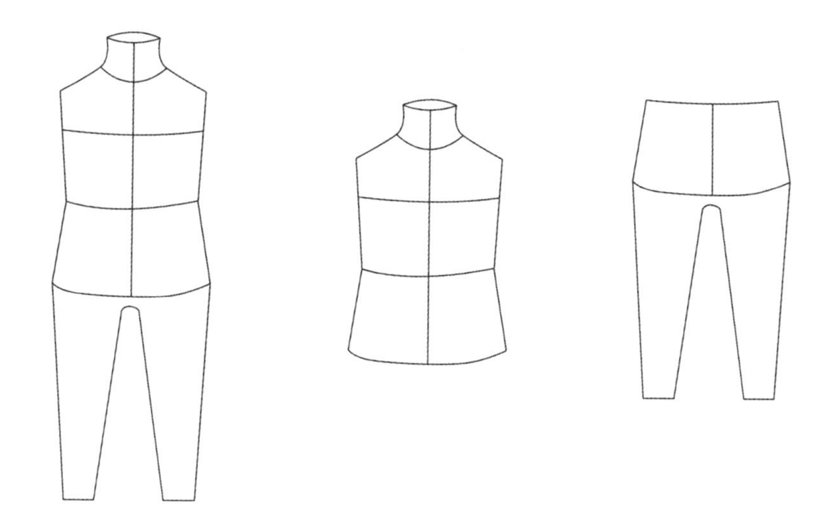

图3-44　童体模板

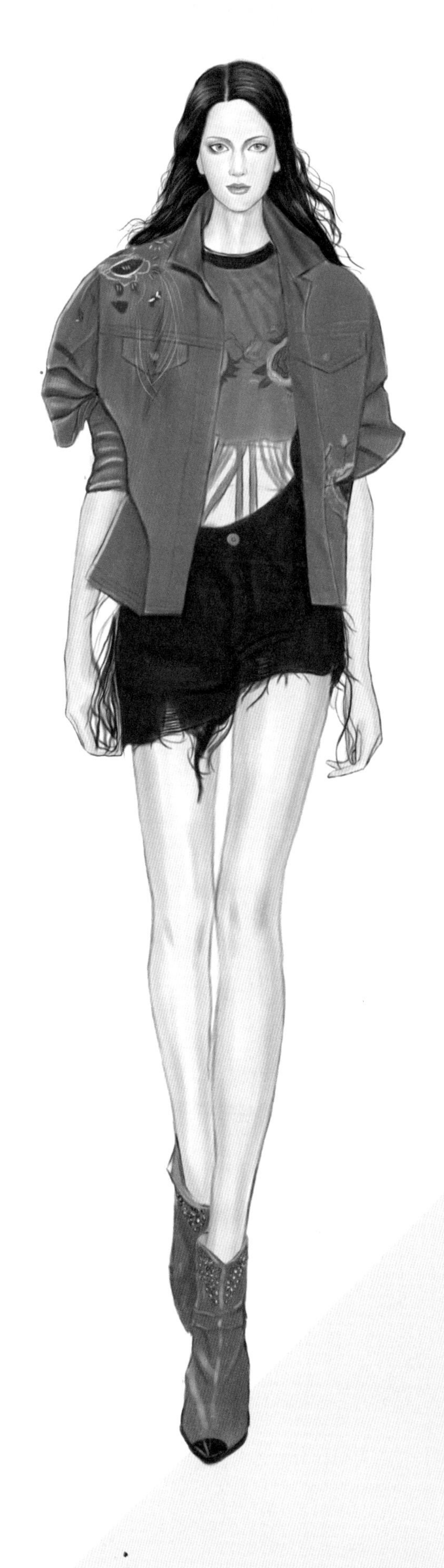

第四章
着装表现技法
Chapter 4

第一节　服装与人体的关系

学习目标： 让学生掌握服装的廓型、服装各部件与人体的关系。
教学要求： 要求学生掌握时装画中的服装与人体的关系。
实践项目： 教师讲解、分析服装的廓型、服装各部件与人体的关系，并给学生示范，使学生能理解、掌握服装与人体的关系。

一、服装廓型与人体的关系

服装廓型是服装的重要特征，对于服装款式的流行预测也常由服装廓型开始。实现服装廓型的两大因素：一是对服装结构的塑造，通过结构线、省道和皱褶来体现；二是服装面料的支撑，面料的质感及特性对廓型的体现，对于夸张的廓型，可采用其他工艺手段实现，如烫衬、填充物等。

（一）X型

X型是上身适体、腰部收紧、下部呈喇叭形舒展的外形轮廓，通过强调胸、腰、臀的线条，能展现女性丰胸、细腰的身体曲线，充分体现出女性的魅力。常用于经典风格和淑女风格（图4–1）。

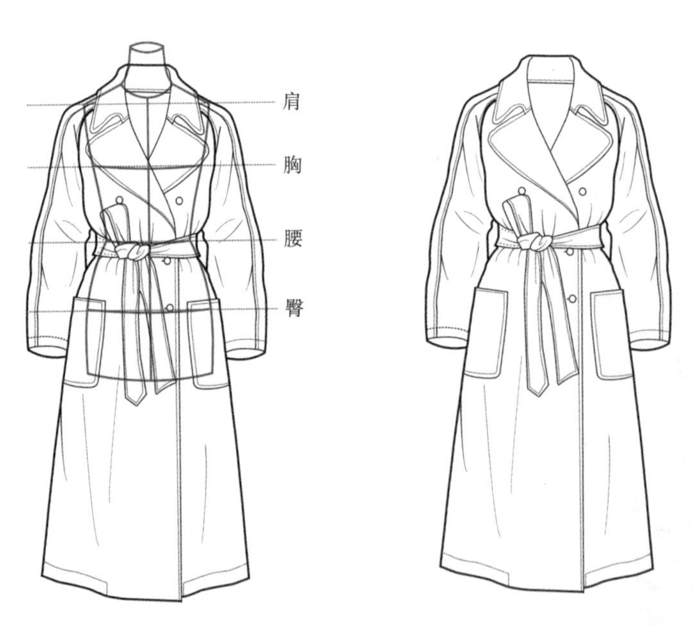

图4–1　X廓型服装

（二）A型

A型是一种上窄下宽的平直造型，通过收窄肩部夸大裙摆而造成一种上小下大的梯形印象，整个轮廓类似字母A，能给人修长而优雅、活泼的感觉。常用于大衣、连衣裙、晚礼服中（图4–2）。

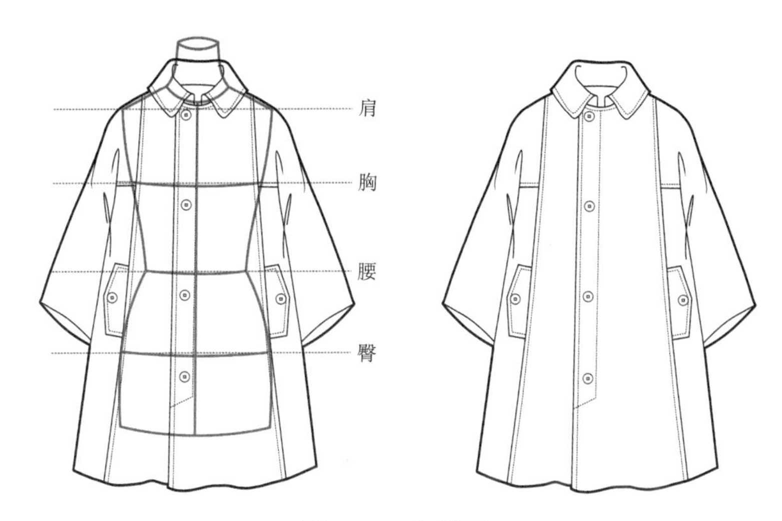

图4–2　A廓型服装

（三）H型

H型是腰部宽松，不强调胸和腰线的曲线，呈现直线形的设计，朴素、简约、不张扬。H型服装能掩饰腰部的臃肿感。常用于衬衫裙、休闲中国风、直筒套装裙（图4–3）。

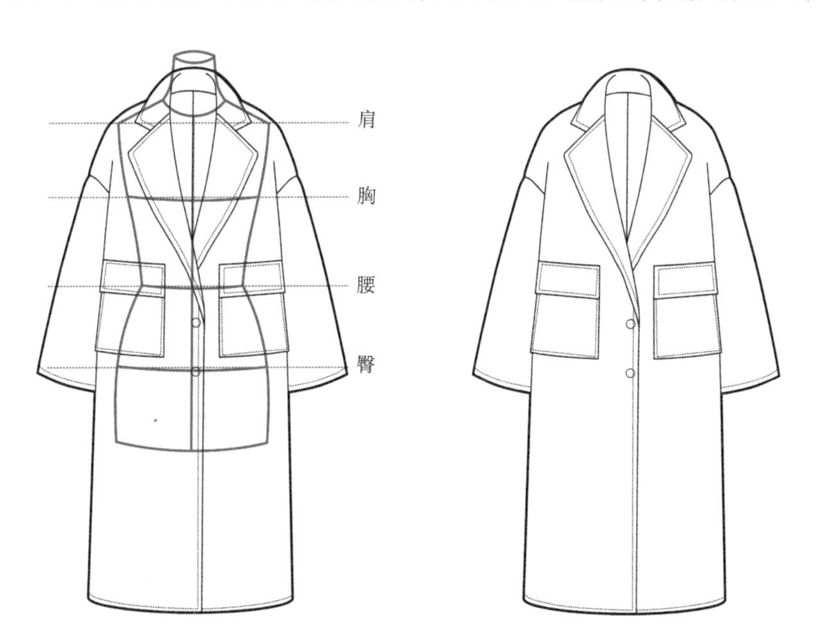

图4–3　H廓型服装

（四）T型

T型设计夸大肩部，收缩下摆，外轮廓比较宽松，其形类似于大写字母T。常用于女性职业装，T型是男性服饰的代表，具有潇洒、大方、硬朗的风格；运用于夸张的表演服和前卫服饰比较多（图4–4）。

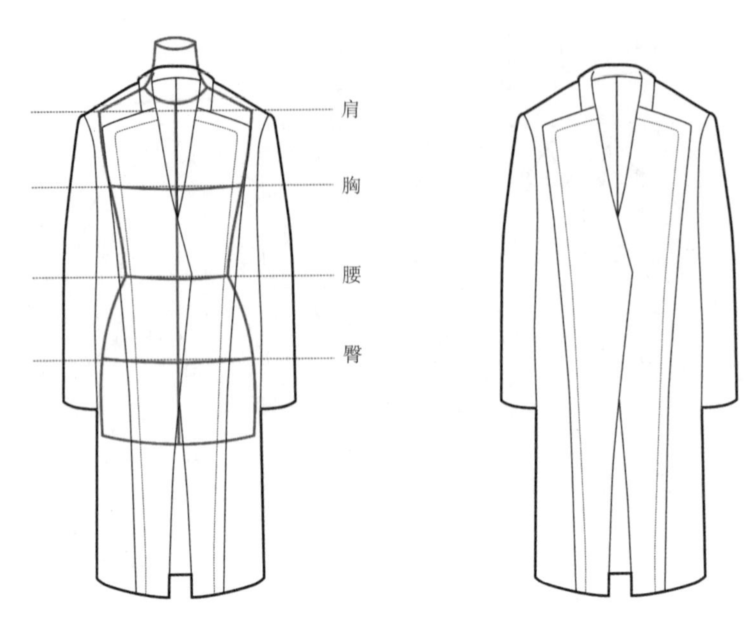

图4-4 T型服装

（五）O型

O型设计没有明显的棱角，腰部线条松弛，不收腰，外形比较饱满、圆润。常用于休闲装、运动装、家居服、孕妇装（图4-5）。

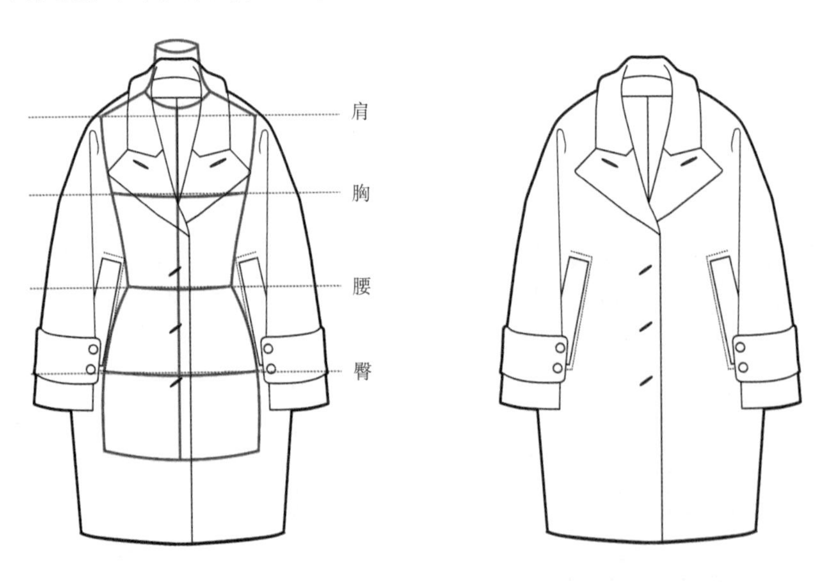

图4-5 O型服装

二、服装各部件与人体的关系

（一）衣领

衣领装在衣身领圈上，与颈部相贴，具有保护颈部和美化、装饰的功能，是构成服装的主要部件之一，也是服装结构的重要组成部分。按领的高度可分为：高领、中领、低领。

按领线可分为：方领、尖领、圆领、不规则领。在设计领子的时候需要注意领子和肩部的位置，领子的设计绘画围绕颈围线展开，同时要注意前中线和颈前中点（图4-6）。

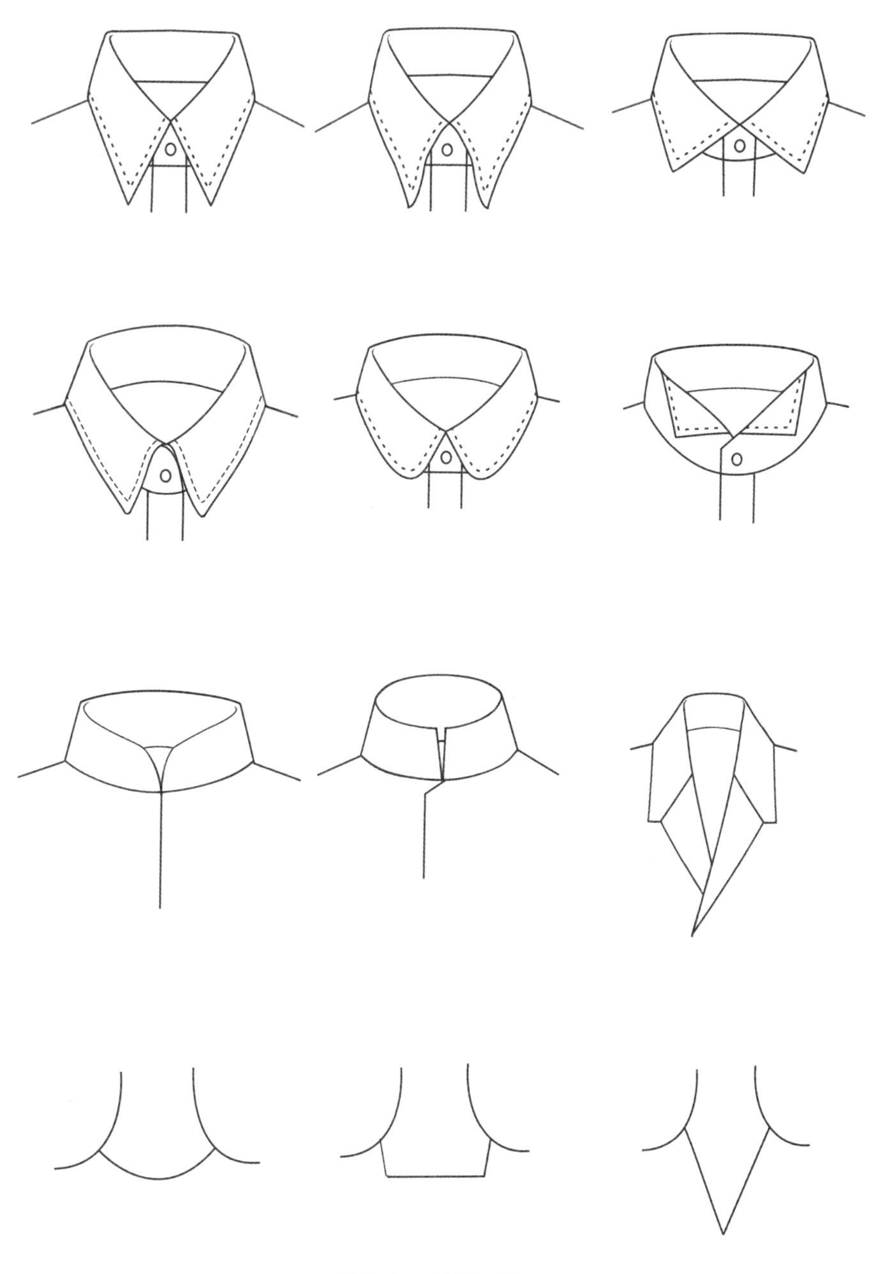

图4-6 衣领造型

（二）袖子

袖子是所有服装部件中最具分量感的部件，袖子的造型在很大程度上能够决定服装的整体廓型。袖子的绘制围绕手臂展开，通过手臂和手肘的动作产生不同的皱褶和透视变化（图4-7）。

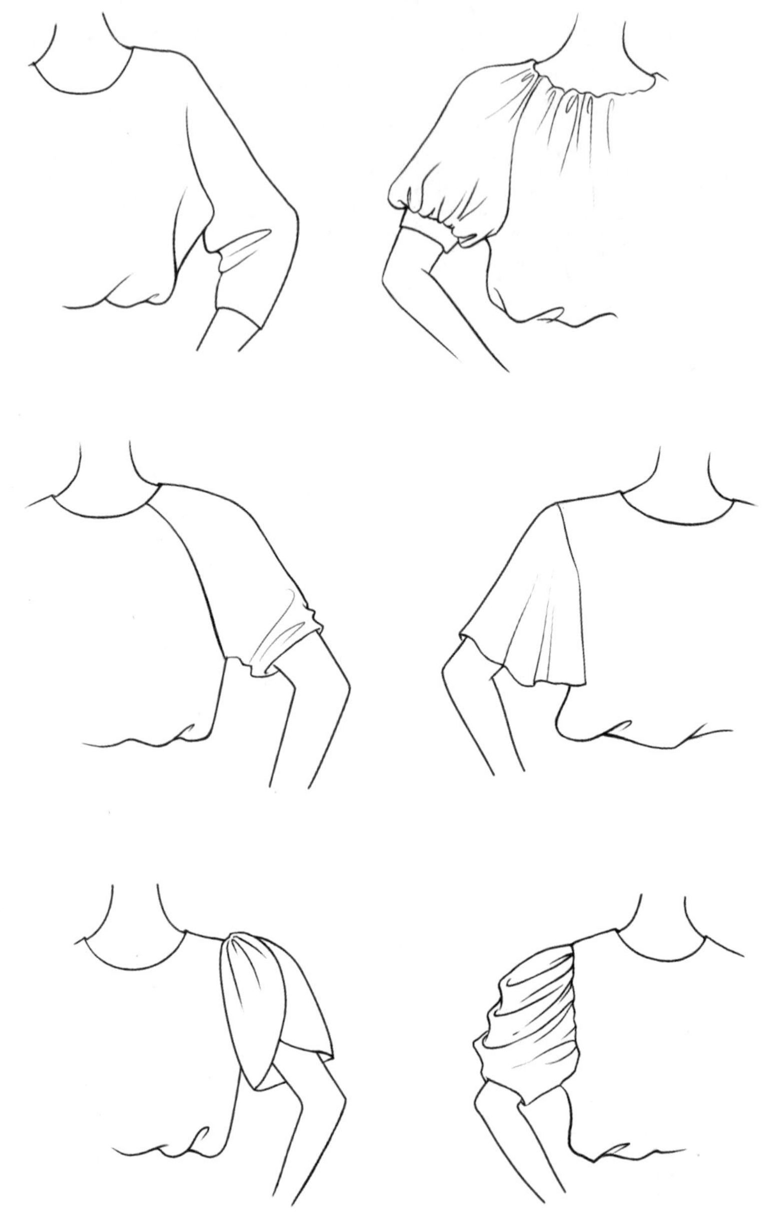

图4–7 袖子造型

（三）门襟

要将服装穿在人体上，考虑合适的穿脱方式，就需要对门襟进行美化设计。门襟可以分为两大类：一是叠襟，左右衣片交叠，形成一定的重叠量，用纽扣、钉扣等方式来闭合门襟；二是对襟，衣片不需要重叠量，靠拉链、挂扣、系绳等方式来闭合门襟（图4–8）。门襟在绘制时应避免图4–9中问题。

（四）腰头

腰头对下半身的服装起到固定作用，尤其是臀部宽松的裙装和裤装，完全依靠腰头固定。腰头作为上下装的分界线，在某种程度上可以调整上下半身的比例，对服装造型进行调节（图4–9）。

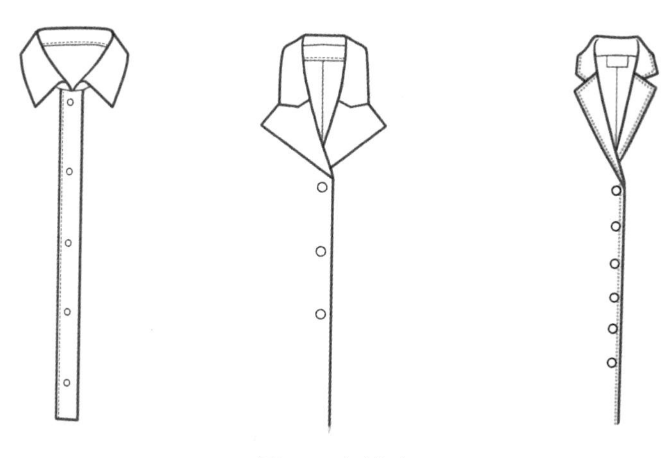

图4–8　门襟造型

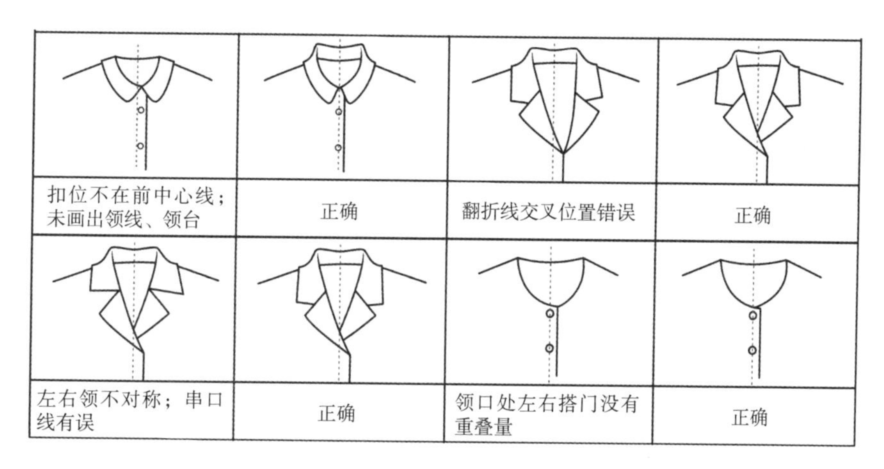

图4–9　门襟与前中心线问题

（五）口袋

口袋是服装上最具功能性的部件之一，不同用途的服装会搭配不同类型的口袋。西服等较为正式的服装或较为轻薄合体的服装通常会搭配挖袋，休闲类服装通常会搭配贴袋，而功能性服装会增加口袋的容量，并用明线、铆钉、贴片等加固（图4–10）。口袋在绘制时应避免图4–12中问题。

三、服装衣褶与人体的关系

想要将服装绘制得生动自然，衣褶的表现就必不可少。衣褶，又称为衣纹，是服装穿在人身上，由于力的作用牵引折叠而形成的。服装的皱褶分为两大类，一是因为人体运动而产生的自然皱褶，二是通过工艺加工形成的装饰性皱褶。

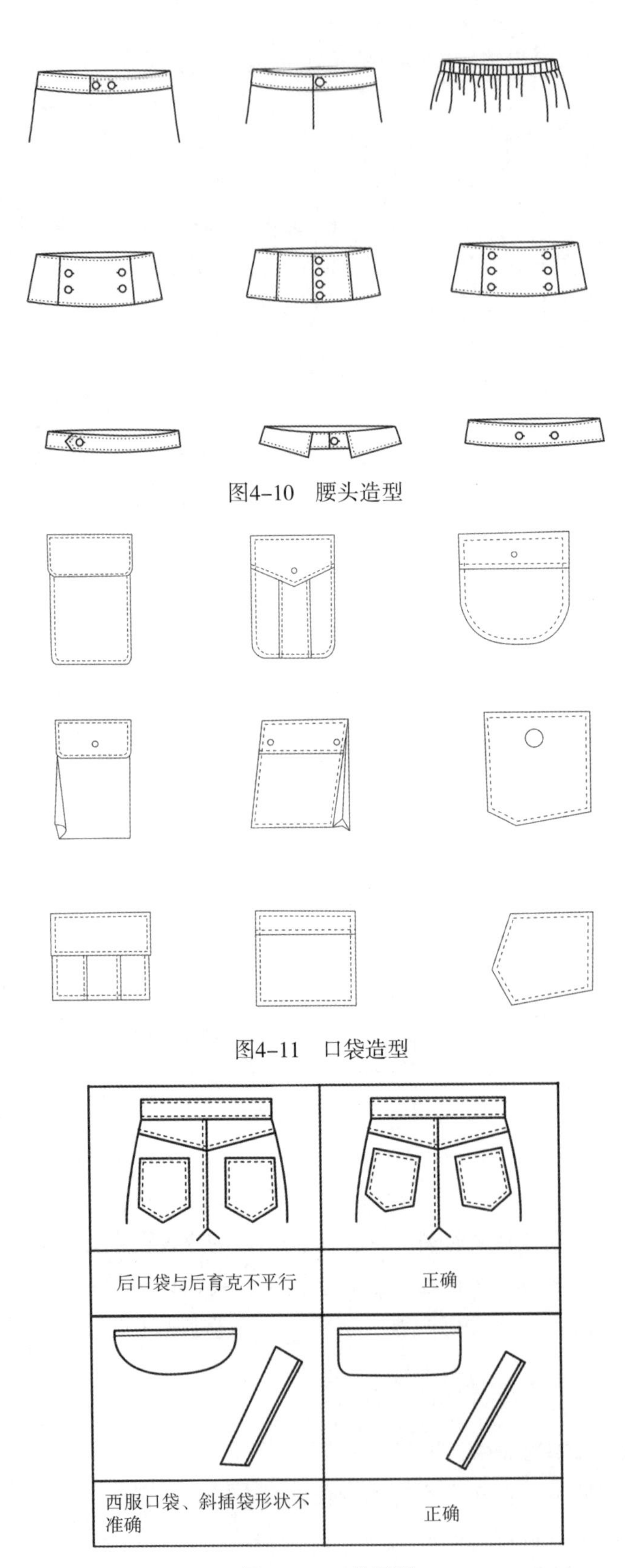

图4-10 腰头造型

图4-11 口袋造型

图4-12 口袋问题

（一）衣褶的类型

人体运动形成的衣褶

人体运动形成的皱褶主要是反映了服装与人体的空间关系。当服装与人体之间的空间越大，更容易产生皱褶。

1. **挤压褶**

人的肢体在运动弯曲时会产生挤压褶。挤压褶具有较强的方向性，会在弯曲下凹的地方汇集，形成放射的皱褶，主要出现在肘弯处和膝弯处（图4–13）。

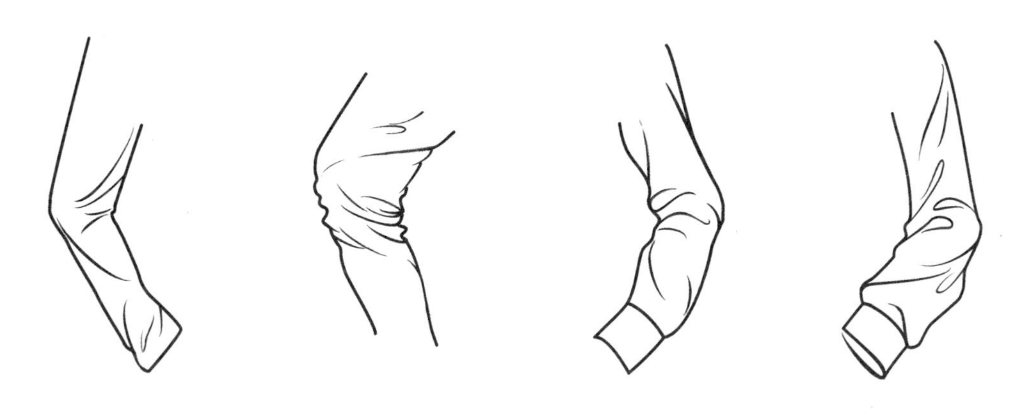

图4–13　挤压褶

2. **拉伸褶**

人体进行伸展运动形成的褶叫拉伸褶。拉伸褶是方向明确的放射状皱褶，在抬起手臂或迈步时，在腋下和裆部就会产生明显的拉伸褶。人体运动的幅度越大，衣服越贴紧身体，拉伸褶越明显（图4–14）。

图4–14　拉伸褶

3. **扭转褶**

扭转褶出现在可以扭动的关节部位，主要出现在腰部，上臂和脖子等处。扭转褶的皱褶不明显，当服装在腰部有较大的松量，扭转褶才明显（图4–15）。

图4-15　扭转褶

4. 服装工艺形成的皱褶

用工艺手段制作的皱褶，主要有两大类：一是通过皱褶塑造服装的廓型，改变服装结构；二是通过皱褶来改变面料状态，形成富有装饰性的肌理效果。

5. 缠裹褶

缠裹褶没有一定的方向性，主要是由布的走向决定。当褶量大的时候，会产生多条平行的皱褶；当褶量较小时，会产生一定的放射形皱褶（图4-16）。

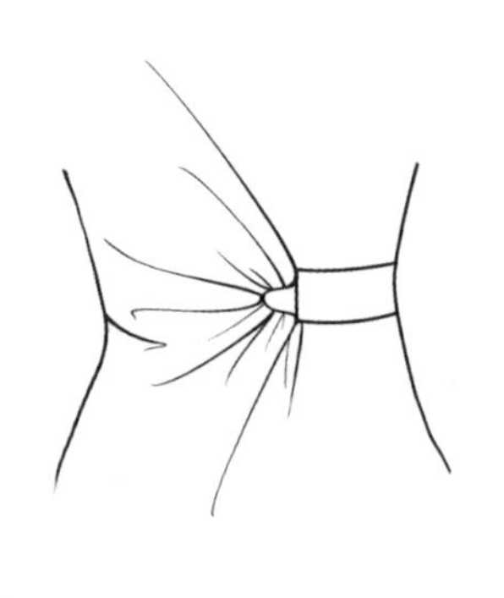

图4-16　缠裹褶

6. 悬垂褶

悬垂褶比较自然，当人体处于稳定静立的状态，悬挂的布料会受到重力影响呈现出纵向的长皱褶。服装越宽松，产生的褶量越大，皱褶也就越鲜明（图4-17）。

图4-17　悬垂褶

7. 褶裥与荷叶边

褶裥和荷叶边主要起到塑造和装饰的作用，在外观上比较鲜明，变化多样。具有一定的规律性。在绘制时，要注意其翻折变化和疏密穿插（图4-18）。

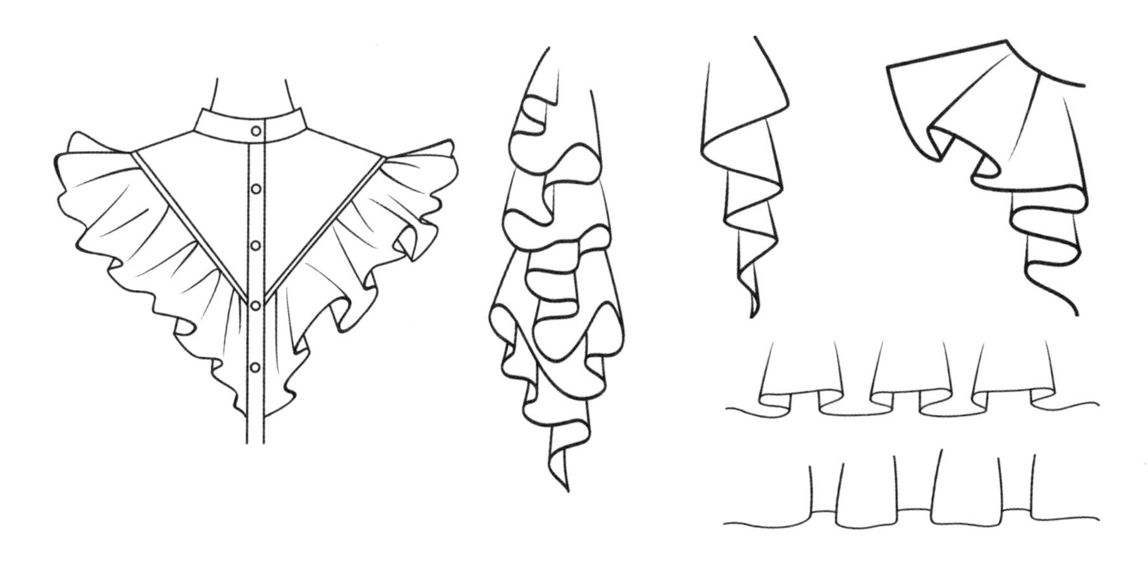

图4-18　荷叶边

（二）衣褶的表现方法

1. 线条表现衣褶

线条表现衣褶讲究其勾勒、转折、浓淡、虚实等关系。效果图中的用线要求整体、简洁、洒脱、高度概括和提炼（图4-19～图4-26）。

图4-19　衣褶的表现（一）

图4-20　衣褶的表现（二）

图4-21　衣褶的表现（三）

图4-22 衣褶的表现（四）

图4-23　衣褶的表现（五）

图4-24　衣褶的表现（六）

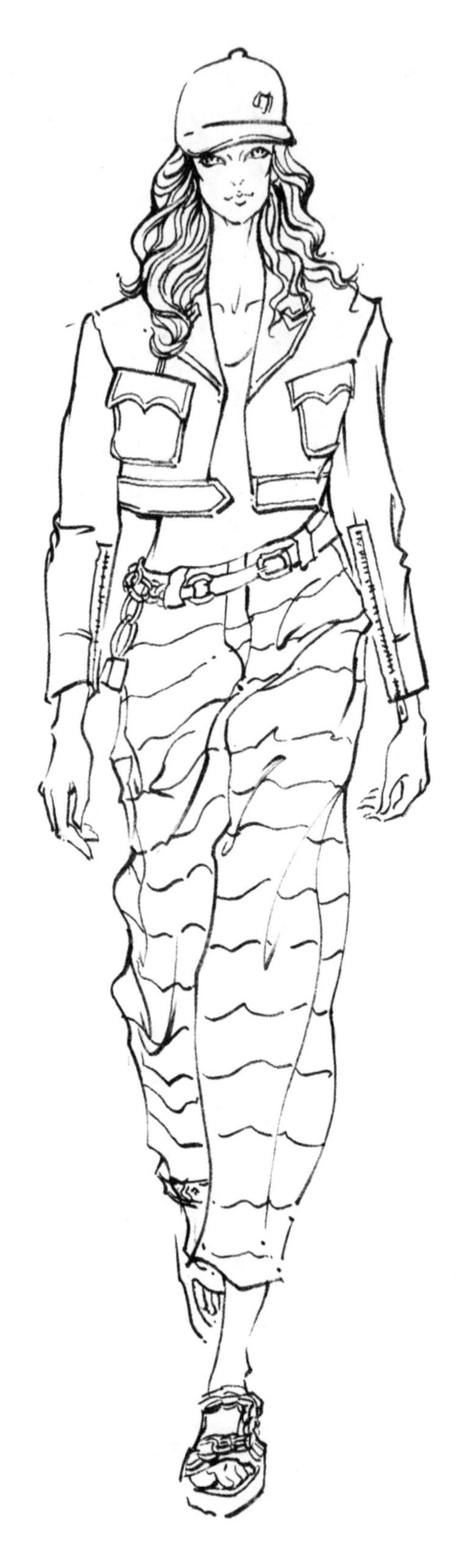

图4-25　衣褶的表现（七）

图4-26　衣褶的表现（八）

2. 线条与光影表现衣褶

线条与光影可以表现出服装的素描关系，在服装的色彩的配置上需要注意黑白灰的层次（图4–27）。

图4–27 线条与光影表现衣褶

第二节　男性、女性、儿童着装表现技法

学习目标： 让学生掌握男性、女性和儿童着装表现技法。
教学要求： 要求学生掌握时装画男性、女性、儿童着装表现技法。
实践项目： 教师讲解、分析人体着装的表现技法，并教师给学生示范，使学生能理解、掌握男性、女性、儿童着装的规律。

一、女性着装表现技法

女性着装效果图的六个要点：

（1）要在女体上加出服装的厚度（所用材料的厚度）。
（2）在画着装图时还要注意服装的整体廓型和比例关系。
（3）注意表现出着装后服装的空间感。
（4）以概括的手法表现出服装的虚实关系。
（5）应用概括的手法表现出服装在穿着后所产生的衣纹。
（6）用线条来表现服装的材质（图4-28）。

二、男性着装表现技法

男性着装效果图绘制的六个要点：

（1）男性着装画法和女性着装画法基本相同，只是线条更硬朗。应注意服装的厚度。

（2）注意上下装和饰品的比例及位置。

（3）注意表现出服装的空间感。

（4）注意服装和人体之间的虚实关系。

（5）概括地画出衣纹。

（6）服装的线条要干脆、利落（图4-29）。

图4-28　女性着装效果图

图4-29　男性着装效果图

三、儿童着装表现技法

儿童着装的四大要点：

（1）儿童服装的材料丰富多样，在

加厚度时要考虑所用材料的厚度。

（2）男童的服装廓型多为H型，女童的服装廓型多为H型和A型，着装后要注意服装上下、内外层次的空间感。

（3）要表现出着装时服装与身体之间的虚实关系。

（4）儿童期活泼好动，因此要注意不同动态的衣纹变化（图4–30）。

图4–30 儿童着装效果图

第三节 服装手稿上色技法

学习目标：让学生掌握时装画人体上色的基本技法。
教学要求：要求学生掌握时装画手稿上色技法。
实践项目：教师给学生示范时装画手稿上色的步骤，让学生能理解、掌握服装画人体上色技法。

一、绘制女性人体模板

用铅笔起稿，绘制出模特的动态，通过肩、腰、臀的关系表现出模特站立摆动的感觉，注意人体重心稳定（图4–31）。

二、绘制衣服线条

根据人体姿态绘制服装褶皱走向，表现出连衣裙包裹着人体的状态，再进一步优化褶皱，使线条疏密有度（图4–32）。

三、人体上色

（1）用赭石加少量白色颜料调和成皮肤色，然后淡淡地平涂所有皮肤部位。

（2）在调好的皮肤色中加入适量的赭石颜料作为皮肤灰面色，然后根据五官结构依据光源变化加深五官的灰面。

（3）根据锁骨和胸部结构依据光源变化加深皮肤灰面。

（4）选用调好的皮肤灰面色，根据手臂的结构依据光源的变化加深皮肤灰面。

（5）根据手指结构与光源变化加深手部皮肤灰面。

（6）选用调好的皮肤灰面色，根据脚部结构与光源变化加深皮肤灰面。

（7）等待画纸干后，用赭石颜料加少量清水调和作为皮肤暗面的颜色，刻画人体上半身的深色和阴影部位。

（8）等画纸干后，用赭石调和暗面颜料色，刻画人体下半身的深色和阴影部位。

（9）检查并调整各部位的明暗关系和细节，完成服装画人体上色（图4–33）。

四、服装上色

服装颜色整体过渡自然，要注意褶皱的前后关系和细节变化，浅灰色打底晕染，深灰色加深褶皱走向痕迹，注意光源方向用黑色加深服装轮廓、暗部及皱痕勾勒，线条勾勒粗细变化，随褶皱方向留白。最后再给配饰、鞋子上色，局部高光提亮（图4–34）。

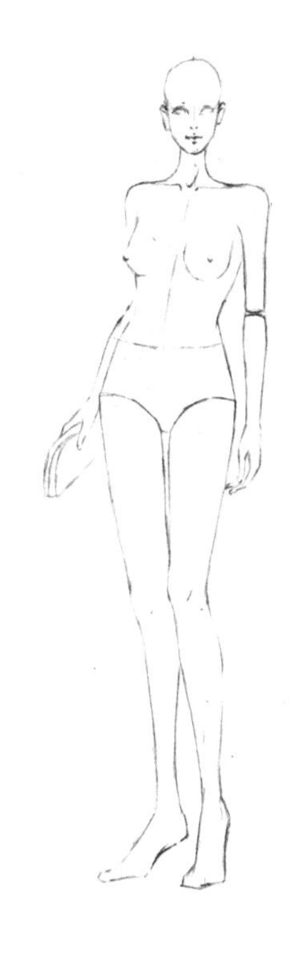

图4–31　绘制女性人体模板

图4–32　绘制衣服线条

图4–33　人体上色

图4–34　完成上色

五、头部上色

（1）用皮肤色加朱红颜料调和成嘴唇色，平涂嘴唇并留出白色高光部位。

（2）用熟褐加黑色颜料调和作为眉头颜色，用小号画笔勾画眉头部位，接着用熟褐颜料勾画眉尾部分。

（3）选用普蓝色加清水调和作为虹膜色，填充虹膜部位并留出白色高光，然后用黑色颜料勾画瞳孔部位。

（4）选用熟褐色颜料细心勾画鼻底和嘴巴部位的轮廓线。

（5）将橘黄、熟褐和玫瑰红颜料调和作为头发颜色，然后平涂头发部位并留出白色高光。

（6）在头发颜色中加入熟褐颜料作为头发的灰面色，然后顺着头发走向绘制头发的灰面。

（7）在头发颜色中加入黑色颜料作为头发的暗面色，然后顺着头发走向绘制头发暗面（图4–35～图4–40）。

图4–35　头部上色（一）

图4–36　头部上色（二）

图4-37　头部上色（三）

图4-38　头部上色（四）

图4-39　头部上色（五）

图4-40　头部上色（六）

第五章

服装面料表现技法

Chapter 5

不同的服装面料能给服装设计带来不同的设计灵感和设计理念，是服装设计中不可缺少的重要因素。在琳琅满目的服装面料中，其外观、性能、质感、风格各不相同，都具备各自独特的个性，在服装效果图只有准确地表现服装面料，才能展现出服装设计的风格及美的意蕴。

第一节　常见服装面料手绘表现技法

学习目标： 让学生掌握薄纱、绸缎、牛仔、毛呢、皮革、皮草、毛衫、蕾丝、灯芯绒、亮片面料手绘表现技法。

教学要求： 要求学生掌握常见服装面料手绘表现技法。

实践项目： 教师讲解、分析服装面料的特点，并给学生示范常见服装面料手绘步骤，使学生能理解、掌握常见服装面料的画法。

一、薄纱面料

薄纱面料按其特点主要分为软纱和硬纱两种，软纱柔软、半透明质地，光泽度较柔和；硬纱质地轻盈，有一定的硬挺度（图5–1）。

（1）先用浅色平铺所有的薄纱部分。

（2）等画纸干后，再略微加深薄纱重叠部位的颜色。

（3）等画纸干后，再次略微加深薄纱重叠部位的颜色，并勾出皱褶线。

（4）用较深的颜色刻画出皱褶线的暗部，完成最终效果。

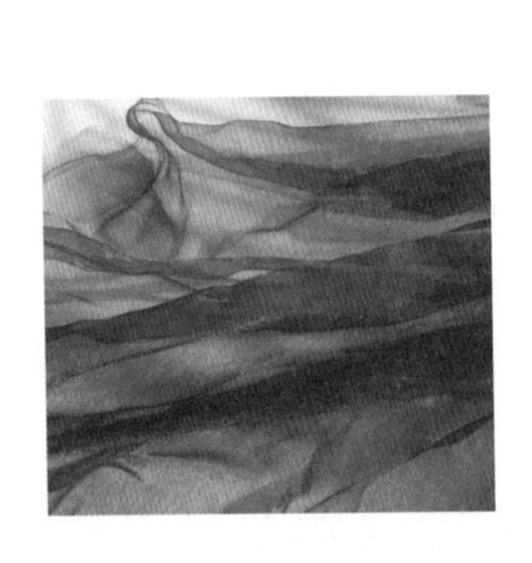

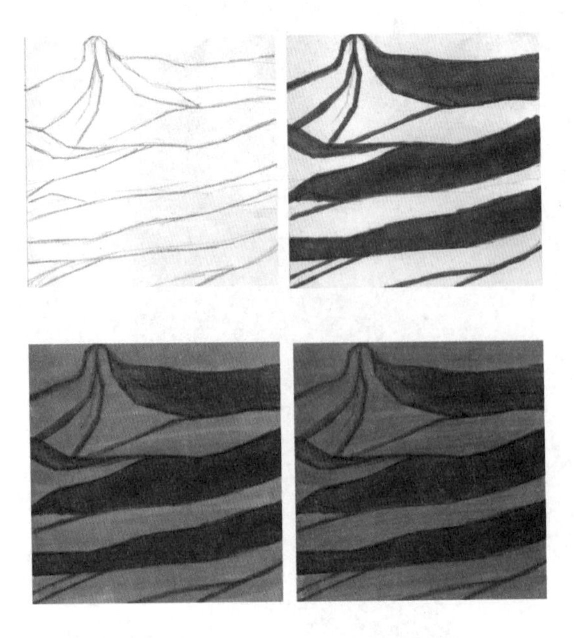

图5–1　薄纱面料绘制

二、绸缎面料

绸缎面料的特点：质感爽滑，垂坠性好，光泽度好，容易褶皱。适用于各种礼服、高级成衣和夏装等（图5-2）。

（1）先用浅色渲染底色，表现绸缎面料的褶皱关系，并运用留白表现高光。

（2）等画纸干后，加深暗部的颜色。

（3）将画纸蘸上清水后平涂高光部位，趁画纸湿润时加深颜色，并沿着高光边缘中间部分过渡渲染。

（4）用较深的颜色刻画出褶皱线的暗部，完成最终效果。

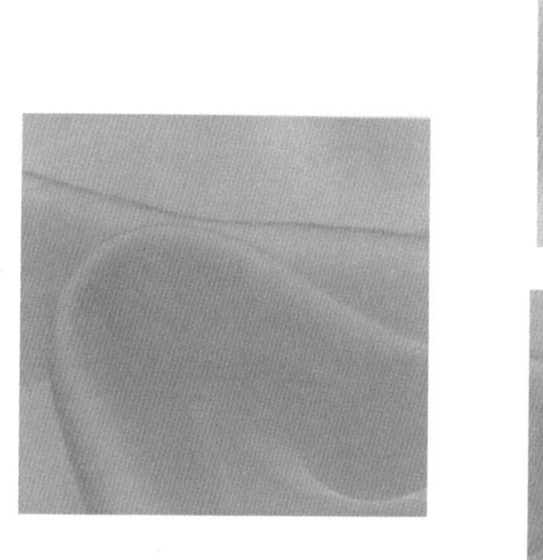

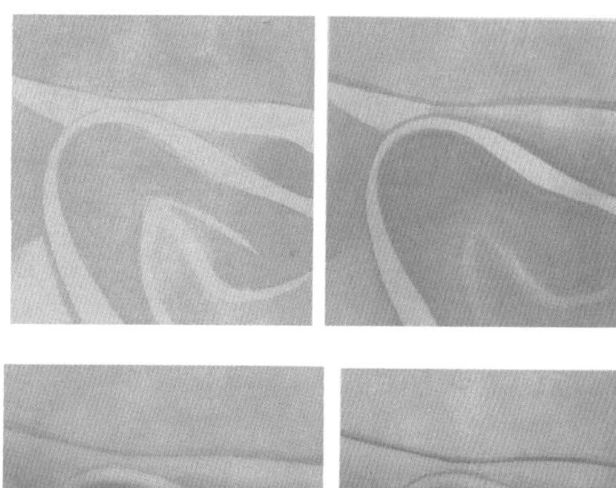

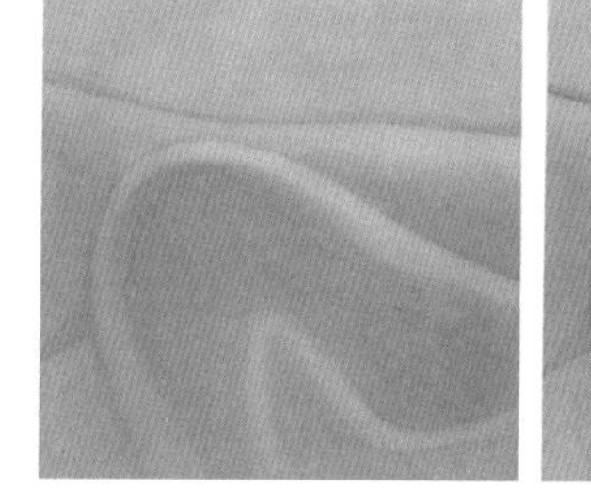

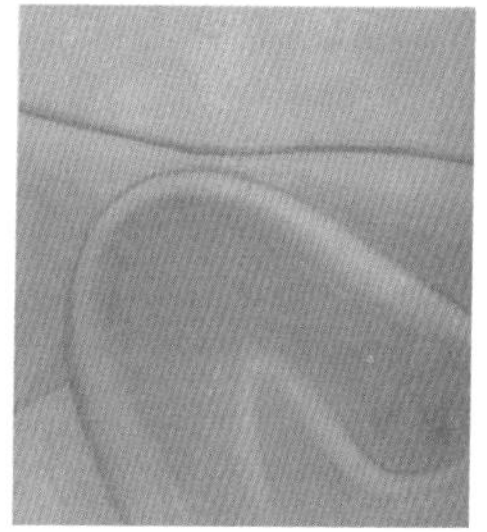

图5-2　绸缎面料绘制

三、牛仔面料

牛仔面料的特点：属棉织物中的斜纹织物。传统牛仔布料较为厚重，粗糙感强，质地较硬，风格粗犷。如今经过工艺处理后的牛仔面料已是多种多样，且具有悬垂性好、手感柔软等优点（图5-3）。

（1）用深蓝色渲染底色。

（2）等画纸干后，均匀地勾满黑色斜线。

（3）在黑色斜线间，用白色点出泛白的虚线。

（4）用黑色水性笔在白虚线上勾画出长短不一的短斜线，并近一步刻画面料暗部，完成最终效果。

四、毛呢面料

毛呢面料的特点：具有极好的柔软性、弹性和抗皱性。精纺毛织品面料做成的成衣，具有质地爽滑，坚牢耐穿，光泽自然，长时间不变形等特点（图5-4）。

（1）用型号大一点的画笔渲染底色。

（2）等画纸干后，用深色按面料勾画出格子图案纹样并填色。

（3）选用一支干的画笔，在笔尖上点上白色颜料随意零散地点满画面，表现出绒毛的感觉。

（4）进一步刻画纹理暗部和细节，完成最终效果。

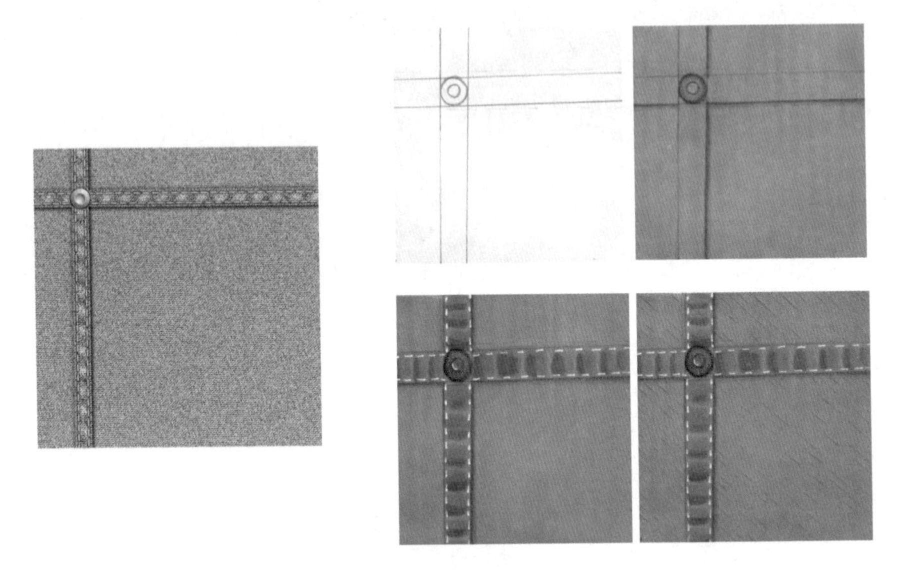

图5-3 牛仔面料绘制

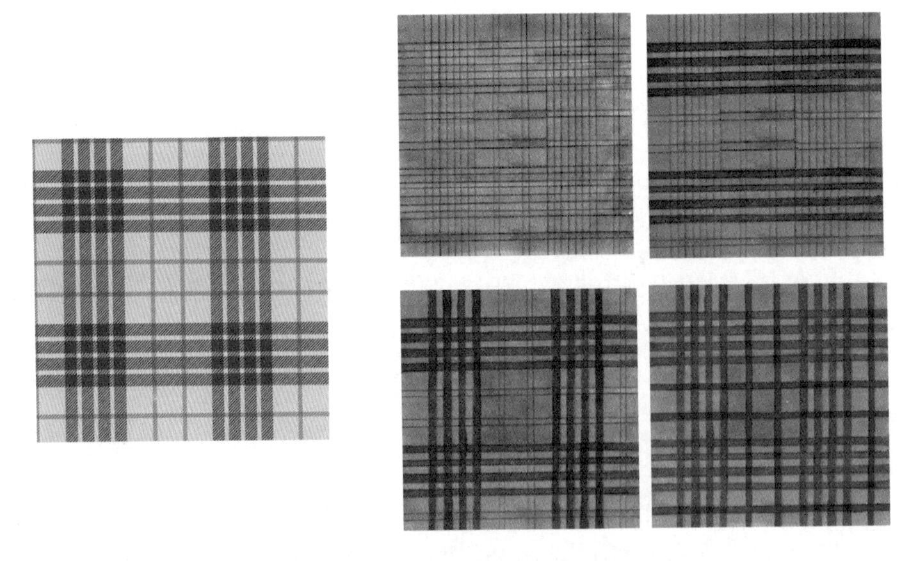

图5-4 毛呢面料绘制

五、皮革面料

皮革面料的特点：市场中常见的有羊皮、牛皮两种。羊皮表面光滑、细腻、柔软、富有弹性；猪皮皮质粗犷，弹性比较差（图5-5）。

水性马克笔的滑爽及透明的特性很适宜表现皮革。皮革面料可以运用于大胆前卫的服装设计中，也可与毛皮搭配使用。

（1）用大画笔渲染底色，高光部分留白。

（2）用深色加强褶皱的暗部，并渲染高光部位。

（3）选用一支干的画笔蘸取白色颜料，提亮皱褶高光部分，使之出现粗糙的感觉。

（4）进一步刻画皱褶暗部，并用深色在面料暗部画出一些不规则的小点。

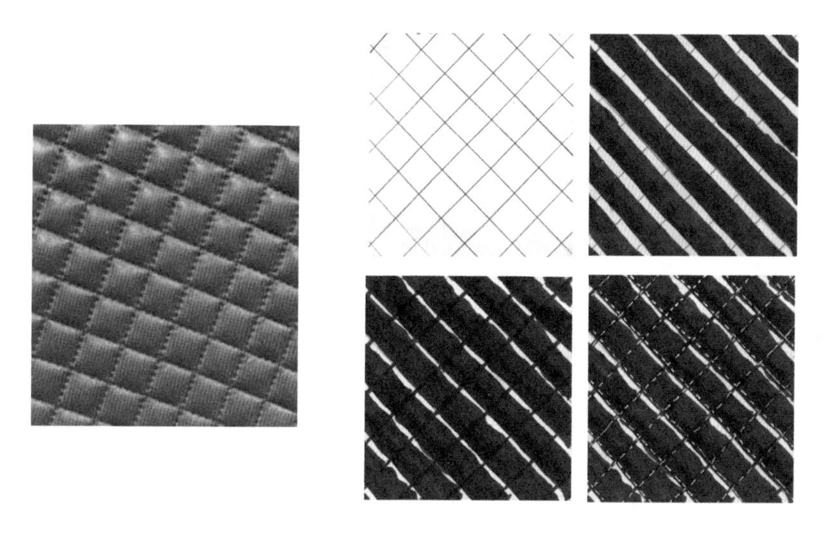

图5-5　皮革面料绘制

六、皮草面料

皮草面料的特点：手感舒适柔软、顺滑温暖，毛色一致，重量较轻（图5-6）。

（1）用大画笔渲染底色，并绘制出毛峰的走向。

（2）顺着毛发走向，用深色绘制暗部。

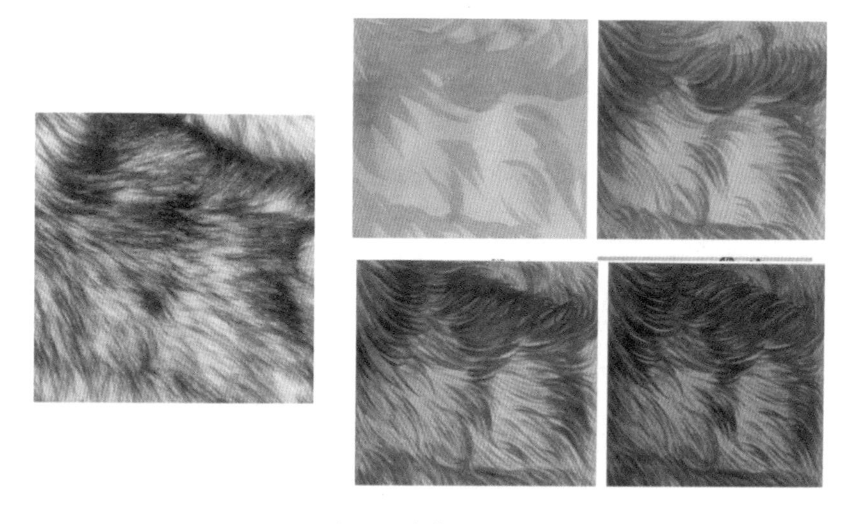

图5-6　皮草面料绘制

（3）用更深的颜色进一步加强毛发暗部，丰富层次感。

（4）加入少量环境色，然后用白色勾勒出毛发高光部位，完成最终效果。

七、针织面料

针织面料的特点：质地柔软，伸缩性强，吸水性和透气性能比较好。适用于各式毛衣（图5-7）。

（1）用铅笔轻轻勾勒出八字纹并铺出底色。

（2）用深色绘制纹理暗部。

（3）绘制出八字纹的明暗关系，并强调织物的凹凸感，丰富层次。

（4）用细线勾勒出织纹肌理细节，完成最终效果。

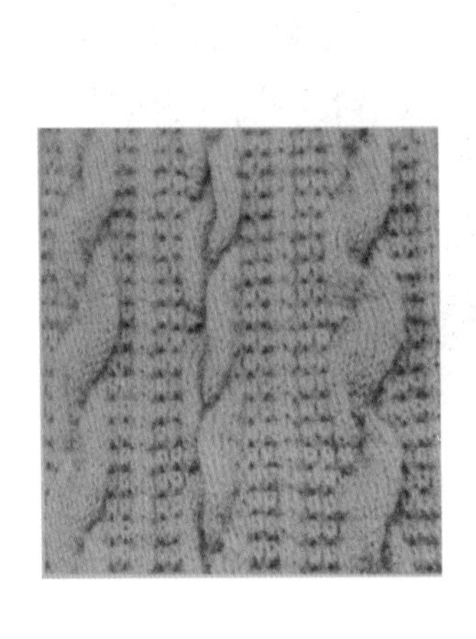
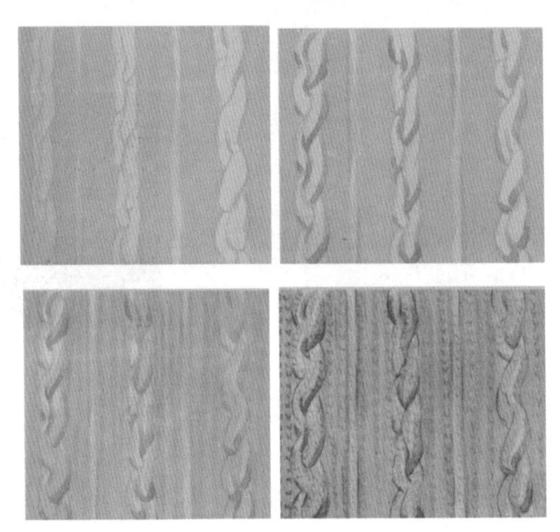

图5-7　针织面料绘制

八、蕾丝面料

蕾丝面料的特点：布料上有刺绣或者绣花，有独特的花纹和镂空，质地柔软舒适，外观非常漂亮且有特色（图5-8）。

（1）用铅笔勾勒出大致的花纹图案，并铺底色。

（2）用较深色颜料绘制花纹图案的轮廓线。

（3）加深底色以突出花纹。

（4）用细线勾勒出网纹肌理细节，完成最终效果。

九、灯芯绒面料

灯芯绒面料的特点：手感弹滑柔软，光泽柔和均匀，绒条清晰圆滑，质地厚实耐磨（图5-9）。

（1）用铅笔勾勒出条纹并铺底色。

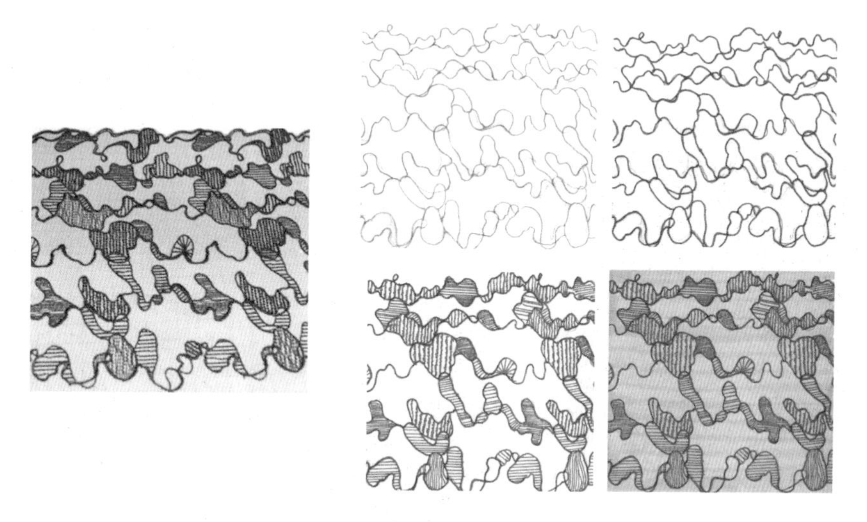

图5-8　蕾丝面料绘制

（2）加深条纹的暗部，表现出条纹的凹凸感。

（3）随意画出一些深色的小杂点，可以将笔尖处理成分叉状态再画。

（4）在深色杂点上随意点出一些白色点，完成最终效果。

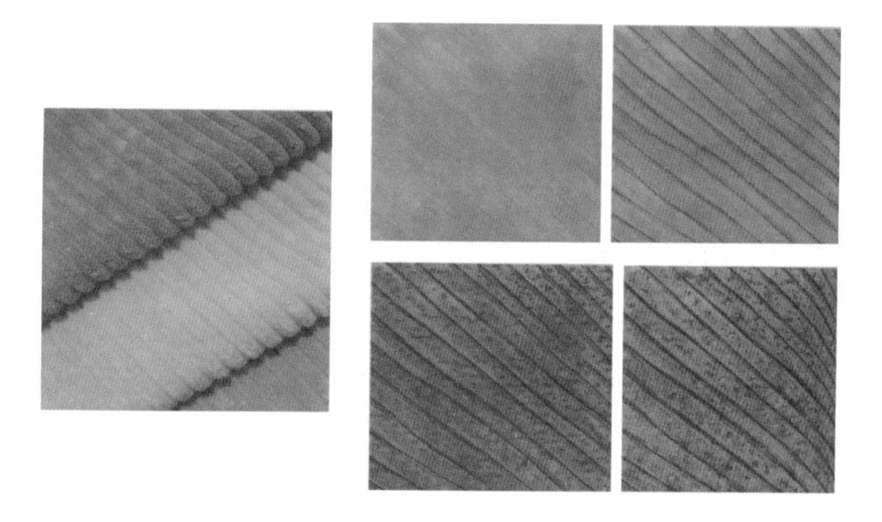

图5-9　灯芯绒面料绘制

十、亮片面料

亮片面料的特点：质地较硬，表面平整，光洁度高（图5-10）。

（1）用铅笔勾勒出亮片的轮廓并铺底色。

（2）加深亮片的暗部。

（3）画出亮片的亮部。

（4）进一步刻画亮部和暗部，完成最终效果。

图5-10　亮片面料绘制

第二节　服装面料效果图表现

一、薄纱面料效果图

彩铅的细腻表现效果能更好表现出薄纱轻柔飘逸的质感。本案例绘制的是黑色薄纱长裙，胸前的钉珠面料与薄纱的透明感形成对比。

纱料柔软的质感通过繁复的褶皱体现出来，绘制的时候裙子的整体廓型和款式特点需表现清晰，褶皱的走向以及疏密要进行细致的刻画，整体效果达到繁而不乱。

（一）绘制人体

绘制出模特的行走动态，用大的体块概括人体的动态，找准胸廓和胯部的关系。

通过肩、腰、臀的关系表现出走动时髋部摆动的感觉，注意人体重心稳定（图5-11）。

绘制具体的五官，头发沿着发丝的走向分股画出动态的飘逸感，从而表现出头发的柔软感，头发亮部需要预留。

（二）绘制服装

在人体基础上绘制服装的轮廓，表现出裙子收腰散摆的造型，袖型薄纱褶皱的美化（图5-12）。

（三）人体上色

用赭红色勾勒出发型、五官和人体的轮廓。在结构转折阴影处下笔可以重一些，表现出人体的体积感。用深棕色对服装进行描边，注意线条优美流畅（图5-13）。

用肉色给皮肤上色，注意表现五官该有的立体感。脖子和腿部要表现出圆柱体的立体感。头发用浅棕色铺色，需要预留留白的位置。人体皮肤受光处局部留白（图5-14）。

用深棕色画出眉毛和眼珠，黑色加重上下眼线和瞳孔，根据唇形变化上色，下唇留出高光。脸部高光与阴影部分应过渡协调。

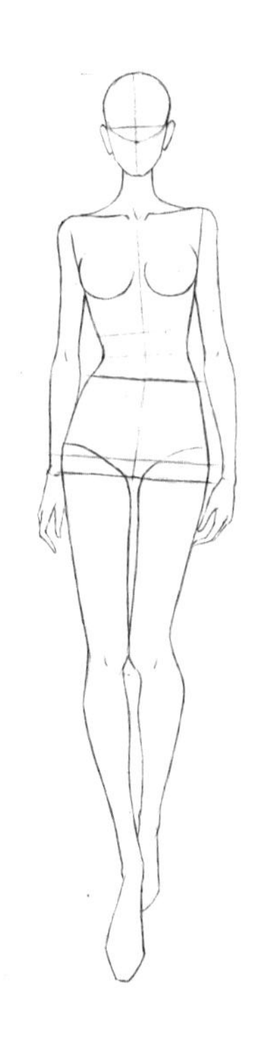

图5-11 人体模板

图5-12 服装轮廓线

图5-13 人体上色（一）

用棕褐色根据头发的走向加深发色，头顶的亮部需要留白，整理头发的发束，表现出柔顺的感觉（图5-15）。

（四）服装上色

绘制服装的上半部分，描绘胸前细节，红色、黑色绘制胸部图案，黑纱用轻轻的笔触整理薄纱的褶皱，注意颜色深浅，被遮挡住的手臂利用褶皱加深痕迹若隐若现。

添加服装上半身细节，图案部分深入描绘，腰部褶皱加深，深浅过度，要有若隐若现的效果（图5-16）。

用黑色绘制薄纱效果，根据人体动态姿势，沿着布料垂感方向绘制裙摆褶皱，局部留白，轻轻的描绘薄纱效果，深浅叠加。

加深服装与人体的阴影，用黑红色给鞋子上色，光源留白，完善细节（图5-17）。

图5-14 人体上色（二）

图5-15 人体及服装上半部分上色

图5-16 上半部分细节

图5-17 完善细节

二、牛仔面料效果图

牛仔服装的造型较为挺括、硬朗，布料较有清晰的斜向纹理。本案例款式是牛仔外套和牛仔拼接裙。外套外形挺括，有少量的动态褶痕。裙子拼接部分稍微带有褶量，需要注意布料的肌理随人体动态变动。

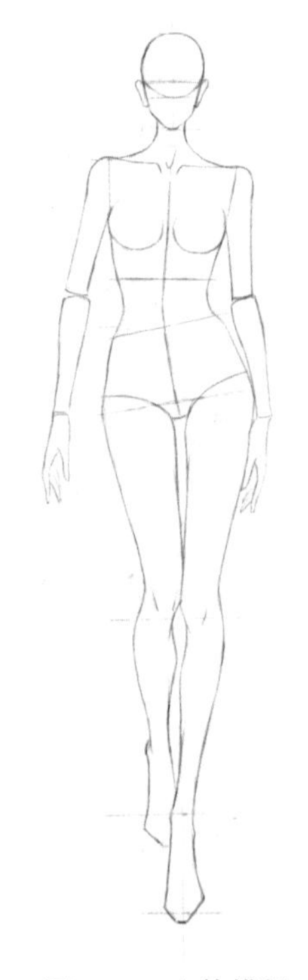

图5-18 人体模板

（一）绘制人体

先用铅笔起稿，绘制人体动态，保证基本的比例关系，重心正确。

（二）绘制服装

绘制头部五官、头发以及服装大体轮廓、动态褶皱，款式绘制清晰，表现出胯部摆动对裙摆方向及褶皱变化，并绘制配饰，鞋子，注意整体比例。

（三）人体上色

在肉色中加入微量的赭石调和大量水分，浅浅的给肤色上色。头部五官，脖子，锁骨，与服装叠加人体的阴影部分着重加深，预留出高光部分。突显立体感。

用黑色勾勒眉毛，眼眶，双眼皮，瞳孔。嘴型上色紫色调，下唇留白。

用黑色给头发上色，头顶留白，耳边的发丝细致描绘。

（四）服装上色

白色抹胸浅蓝灰色浅浅的铺色，预留受光留白部分，外套用蓝色铺色，深蓝色勾勒外轮廓，口袋以及加深褶皱阴影部分。

裙子图案花纹面料部分底色用浅绿铺色，草绿叠加晕染，并加深褶皱阴影的表现。花纹蓝色渐变多次晕染，再用深蓝色勾边。牛仔面料部分，蓝色铺色，深蓝色加深外轮廓及褶皱阴影部分。

整个套装，牛仔面料的斜纹可用彩铅绘制，用白色高光画出条纹，注意服装的褶皱形态变化。用深灰、黑色绘制鞋子，灰色过渡反光面，预留高光位置，表现出皮革的光泽感。

头饰浅黄上色，用绿色棕色绘制出图案，受光部分留白，修饰细节，完成绘制（图5-21）。

图5-19 绘制服装

图5-20 人体上色

图5-21 服装上色

三、针织面料效果图

本案例是一款针织连衣裙，修饰体型的款式。针织面料具有较大的弹性，显得面料柔软，温暖。

服装胸前部分有面料叠压的效果以及人体动态的褶皱，要通过明暗变化表现出织物的立体感，进一步体现出针织面料的质感。

（一）绘制人体

铅笔起稿，用大体块表现出人体的动态，模特向右摆跨，保持重心（图5-22）。

在人体动态基础上画出头部细节、五官、头发。

（二）绘制服装

绘制服装的整体廓型及动态褶皱。绘制配饰包和鞋子，注意立体感（图5–23）。

（三）人体上色

轻擦铅笔线，用肉色调和少许朱红加大量水分，给皮肤上色，眉弓，眼眶，鼻底，唇下等，适当叠色，留白。

服装边缘的投影要加重，显得有层次感，用黑色勾勒眉毛、眼线、双眼皮和瞳孔。用紫色调给嘴唇上色，下唇注意留白。

头发注意形态和翘起方向，保证发量不要过且具有层次感。

清淡的描绘头发的底色，注意光源方向，局部留白，表现出头发的蓬松感，脸部五官加深阴影部分，脸部和脖子光源过渡和谐（图5–24）。

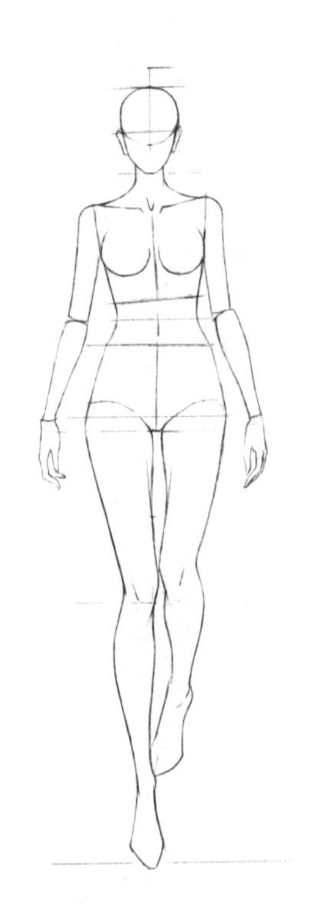

图5–22　绘制人体

图5–23　绘制服装

图5–24　人体上色

（四）服装上色

服装主要为灰色，先用浅灰色铺色，用深灰色描绘服装面料的纹理，及人体动态的褶皱，强调暗部，明暗清晰，适当留白及疏密变化（图5–25）。

加深服装与人体的阴影，局部转折处高光提亮。用棕色给腰带包包，鞋子上色，注意光源方向并留白（图5–26）。

图5-25　服装上色

图5-26　完成上色

四、蕾丝面料效果图

传统蕾丝是用钩针进行手工编织的一种装饰性面料，既有网眼镂空的纹理，也有结构复杂的图案。绘制蕾丝时，要有足够的耐心绘画细节，区分主要花型和次要花型，做到主次有别。上半身部分蕾丝效果对皮肤的表现和阴影刻画很重要，面料上面钉珠可通过加重投影及明暗关系表现其立体以及体积感，蕾丝面料上常装饰的手工钉珠、金属亮片或立体花等都需强调立体感及光影效果的表现，此款裙摆部分简约，轻微加重动态褶痕的阴影，局部留白过渡。

（一）绘制人体

画出模特行走动态的正确轮廓，注意人体比例，重心稳定（图5-27）。在人体动态基础上画出头部细节五官，头发。

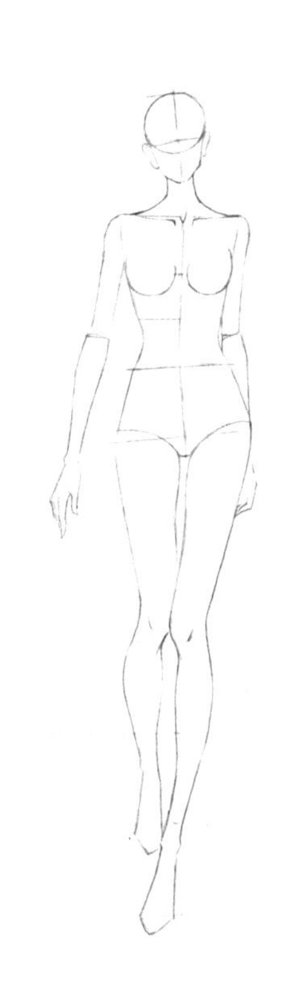

图5-27　绘制人体

（二）绘制服装

服装的整体廓型及动态褶皱。绘制配饰包包和鞋子，注意立体感（图5-28）。

（三）人体上色

轻轻擦除铅笔线，用肉色调少量朱红色，以及大量水分来给人体皮肤上色，注意受光及局部留白。

在肤色中加入少许赭石色给脸部阴影，眼窝，上下眼睑上色，注意均匀有度。用黑色勾勒出眼线，眉毛，画出瞳孔。

用紫红色给嘴唇是上色，强调嘴角及唇中缝。头发上色，红棕色打底，深浅有度，留出高光部分。

进一步加重头发的暗部，用棕色叠加上色，再用黑色勾勒出头发的发束及暗部细节，加重耳后、颈后等阴影部位，表现出层次感（图5–29）。

（四）服装上色

整体为灰色，上半部分是纱，半透明的镂空效果，先用很浅的灰色上个底色。半干时用深灰加深服装褶痕及服装转折处受光暗处，增加层次感。

用黑色勾勒出镂空图案的细节。裙摆随着行走的动态确定布料律动的方向，先用浅灰铺色，提前留白，再用比底色深一点的灰加深褶皱，以及与服装上半部分的重叠处。

可以再侧重加深褶皱痕迹体现层次感。用同色系颜色最后给配饰上色，勾勒图案（图5–30）。

图5–28　绘制服装

图5–29　人体上色

图5–30　服装上色

第六章 时装画表现技法

Chapter 6

第一节　效果图着色方法

学习目标： 让学生掌握彩铅、水彩、马克笔工具表现各种面料质感、款式、风格着色方法。

教学要求： 要求学生掌握水彩、彩铅、马克笔工具在服装画效果图的表现技法。

实践项目： 教师给学生示范水彩、彩铅、马克笔工具的表现技法，让学生能理解、掌握彩铅、水彩、马克笔在服装效果图上的表现技法。

一、彩铅着色方法

彩铅不宜大面积单色使用，否则画面会显得呆板，平淡。在绘制过程中，彩色铅笔往往与其他工具配合使用。彩色铅笔有其特有的笔触，用笔轻快，线条感强，可徒手绘制，也可依靠尺子排线。在绘制时要注重虚实关系的处理和用笔力度（图6–1 ~ 图6–3）。

图6–1　彩铅时装画（一）

图6-2　彩铅时装画（二）

图6–3　彩铅时装画（三）

二、水彩着色方法

水彩的技法主要有三种：

（1）干画法，是多层画法，在颜色干透画，可进行多次叠色和覆盖，用笔干脆利落，边线分明，笔触与水迹明显，比较容易掌控。

（2）湿画法，在湿润的纸上或尚未干透的色层上再上一遍色彩，画面的色彩在未干时会流动，形成水色交融、湿润柔和的效果。

（3）肌理法，借助媒介剂和各种材料，使画面产生非常的质感和肌理（图6-4～图6-8）。

图6-4 水彩时装画（一）

图6–5　水彩时装画（二）

图6-6　水彩时装画（三）

图6-7　水彩时装画（四）

图6-8　水彩时装画（五）

三、马克笔着色方法

马克笔是一种快速、简洁的渲染工具。马克笔的笔触变化较小，混色效果较弱，色彩单一，深浅变化不明显。马克笔最讲究的是对笔触的运用，它的运笔一般分为点笔、线笔、排笔、叠笔、乱笔等。点笔：多用于一组笔触运用后的点睛之处。线笔：可分为曲直、粗细、长短等变化。排笔：指重复用笔的排列，多用于大面积色彩的平铺。叠笔：指笔触的叠加，体现色彩的层次变化（图6–9～图6–39）。

图6–9　马克笔时装画（一）

图6-10　马克笔时装画（二）

图6–11　马克笔时装画（三）

图6–12　马克笔时装画（四）

图6-13　马克笔时装画（五）

图6-14　马克笔时装画（六）

图6-15　马克笔时装画（七）

图6–16　马克笔时装画（八）

图6-17　马克笔时装画（九）

图6-18　马克笔时装画（十）

图6-19　马克笔时装画（十一）

图6-20　马克笔时装画（十二）

图6-21　马克笔时装画（十三）

图6-22　马克笔时装画（十四）

图6-23　马克笔时装画（十五）

图6-24　马克笔时装画（十六）

图6-25　马克笔时装画（十七）

图6-26　马克笔时装画（十八）

图6-27　马克笔时装画（十九）

图6-28　马克笔时装画（二十）

图6-29　马克笔时装画（二十一）

图6-30　马克笔时装画（二十二）

图6-31　马克笔时装画（二十三）

图6-32　马克笔时装画（二十四）

第二节　系列服装手绘表现技法

学习目标：让学生掌握系列服装手绘的色彩的配色、构图技法。
教学要求：要求学生掌握系列服装手绘的表现技法。
实践项目：教师分析、讲解系列服装手绘效果图的配色、构图技法，让学生能理解、掌握系列服装的配色和构图。

一、系列服装的色彩

系列服装有相同的色彩、元素。在系列服装中使用的色彩越多，效果越难统一，所以，要在限定的颜色数量中，将所有的色调有序、和谐地组织起来。具体的配色方法：

（1）单一重复配色。系列服装中的每套服装都用同一组配色，其变化是同一个色在不同的款式中使用的比例不同（图6–33）。

图6–33　单一重复配色

（2）整体调和配色。在系列服装中一般都会有一个色彩主题，其中每套服装作为整体中的一个局部，拥有自己独立的颜色，这些颜色按某种调和关系统一于整体中（图6–34）。

（3）色彩互代配色。系列服装中每套服装的主色和副色都不同，色彩组合也不同，但每套服装之间替换部分颜色，使系列服装获得色彩的整体呼应，这是变化为主的配色方式（图6–35）。

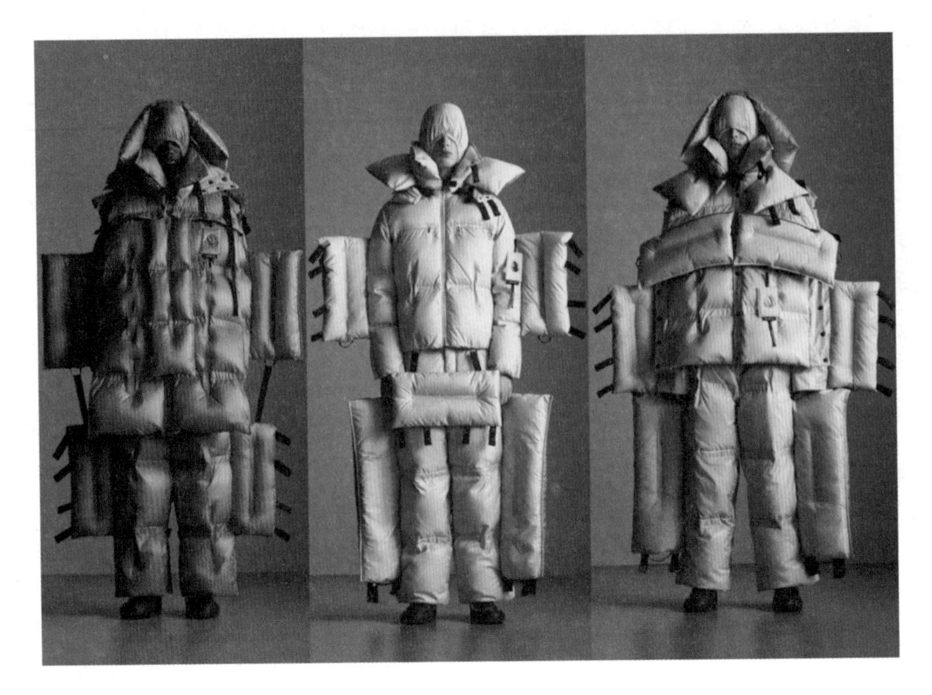

图6-34 整体调和配色

图6-35 色彩互代配色

二、系列服装的构图

构图就是在有限的画面空间中营造出一种能够感动他人可供欣赏的画面，简单地说就是一个画面的构成形式。这是设计师创作过程中的一个环节，也是服装画技巧的一部分。把作品各个部分组成一个整体，要有变化，又要统一于一个整体，形成一个完整画面的构图。

（一）单个模特的构图

（1）一般放在画面的中心。

（2）突出头部表情特征或者刻画某一细节。

（3）强调人物造型的动态变化（图6–36）。

（二）两个模特的构图

（1）处理好模特于画面的位置。

（2）将两个模特的造型、动态联系起来形成画面趣味中心。

（3）常采用一正一侧、一背一侧、两侧、一站一坐、一上一下的构图形式（图6–37）。

图6–36　单个模特构图

图6–37　两个模特构图

（三）多个模特的构图

（1）齐排式：具有一定的规矩形式，整体清晰。适合系列性较强的服装画设计构图。构图主要有左右、上下、斜式排列三种。

（2）错位式：是有意地将整体排列的模特打散进行高低排列。

（3）残缺式：是有意将一部分破坏，产生一种不平衡、不完美的感觉。

（4）主体式：适合于服装艺术广告画和插画，特点是主体突出（图6–38）。

三、系列服装的风格

系列服装是风格统一，具有共同的特征，根据同一主题而设计制作的具有相同因素的多件套的独立作品（图6–39）。

图6-38　多个模特构图

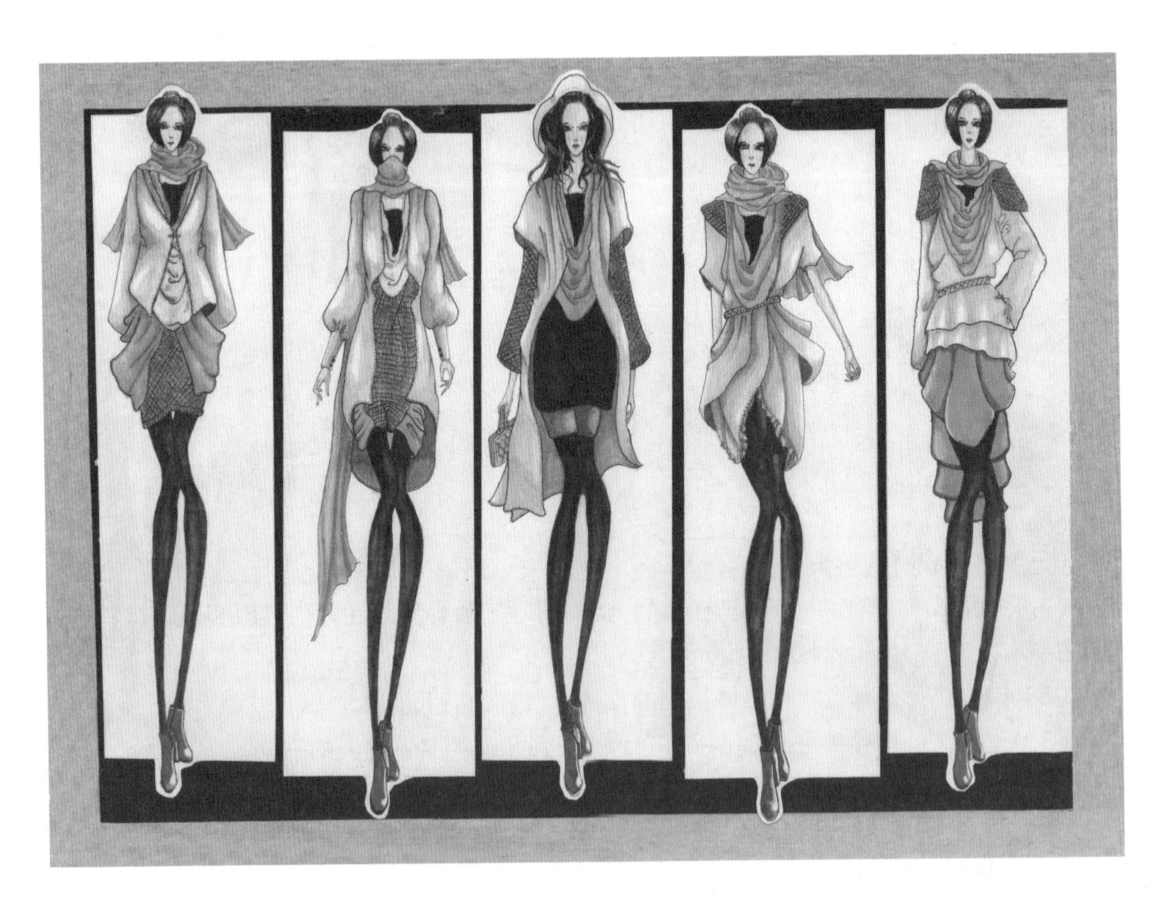

图6-39　系列服装效果图

第三节　时装插画与参赛服装作品欣赏

学习目标：通过欣赏时装插画与参赛服装作品受到启发，将其运用到参赛作品中。
教学要求：让学生了解时装插画与参赛服装作品。
实践项目：欣赏各种时装插画和参赛服装作品的图片。

一、时装插画欣赏（图6-40～图6-44）

图6-40　时装插画（一）

图6-41　时装插画（二）

图6–42　时装插画（三）

图6-43　时装插画（四）

图6-44　时装插画（五）

二、参赛服装作品欣赏（图6-45～图6-59）

图6-45　参赛服装赏析（一）

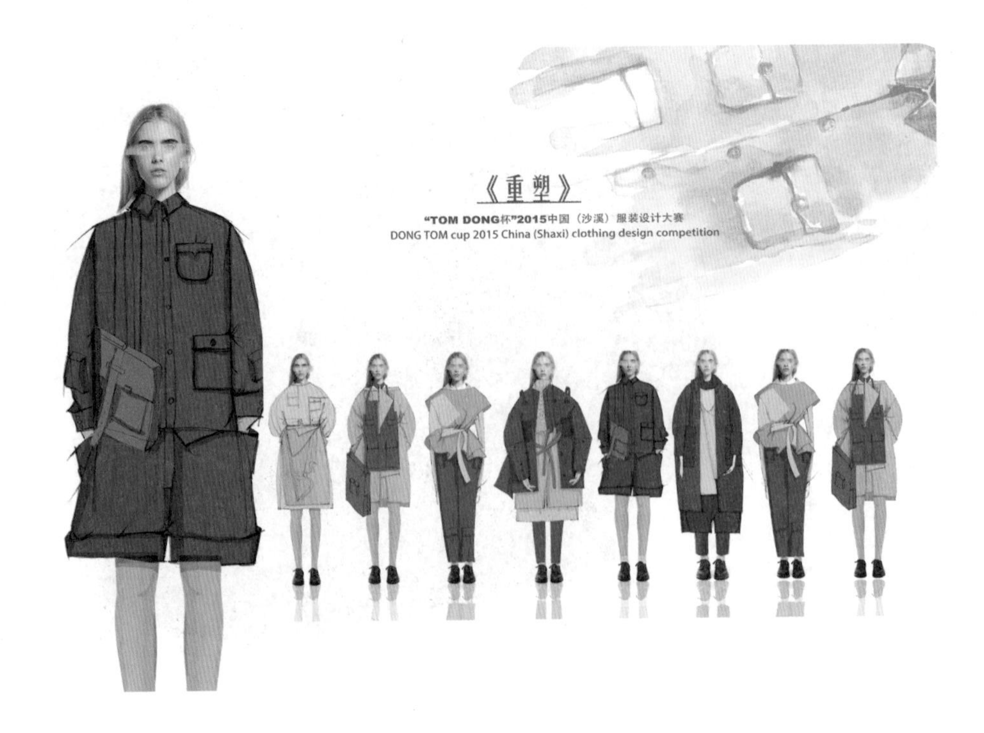

《重塑》
"TOM DONG杯"2015中国（沙溪）服装设计大赛
DONG TOM cup 2015 China (Shaxi) clothing design competition
灵感来源：本系列灵感来源于中山装。
设计说明：系列产品设计采用了同一颜色；面料选用水洗牛仔、水洗皮、棉麻布；
工艺上运用夹棉绗缝处理、大棒针手织等面料改造实验。
面料小样：
款式图：

《重塑》
"TOM DONG杯"2015中国（沙溪）服装设计大赛
DONG TOM cup 2015 China (Shaxi) clothing design competition
款式图：
面料小样：

图6-46

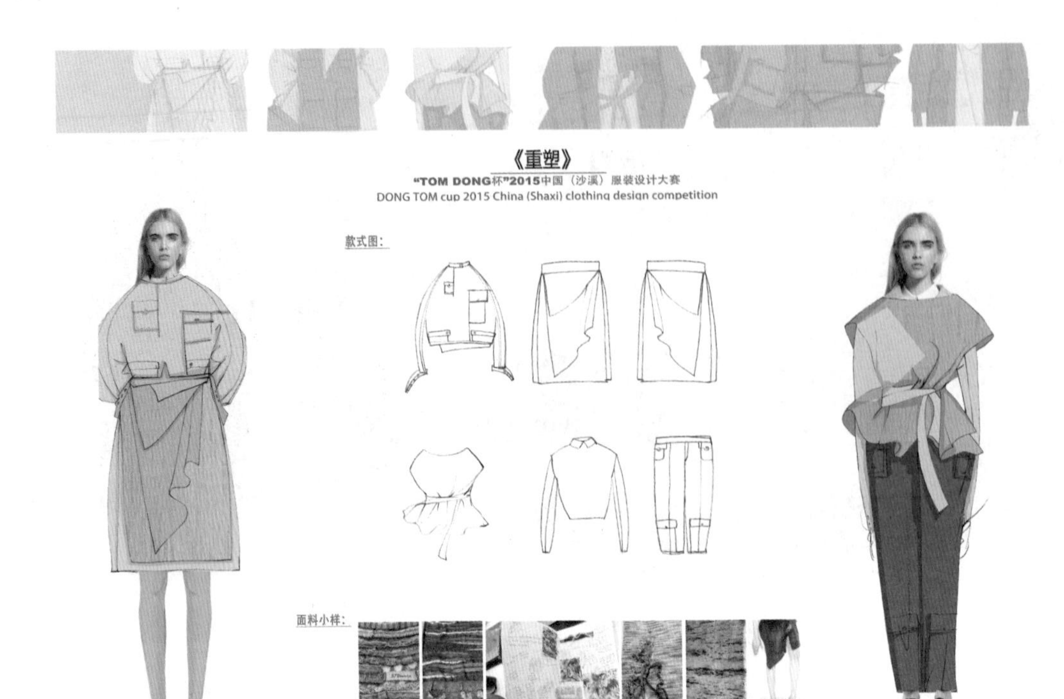

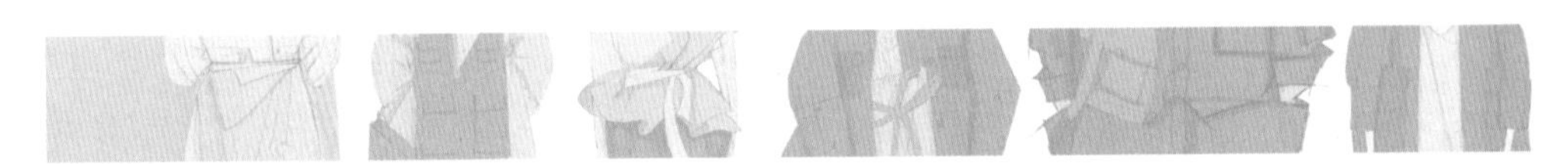

《重塑》
"TOM DONG杯"2015中国（沙溪）服装设计大赛
DONG TOM cup 2015 China (Shaxi) clothing design competition

图6-46　参赛服装赏析（二）

图6-47　参赛服装赏析（三）

我有病，你有药吗？

图6-48　参赛服装赏析（四）

图6-49　参赛服装赏析（五）

图6-50　参赛服装赏析（六）

图6-51　参赛服装赏析（七）

图6-52　参赛服装赏析（八）

图6-53　参赛服装赏析（九）

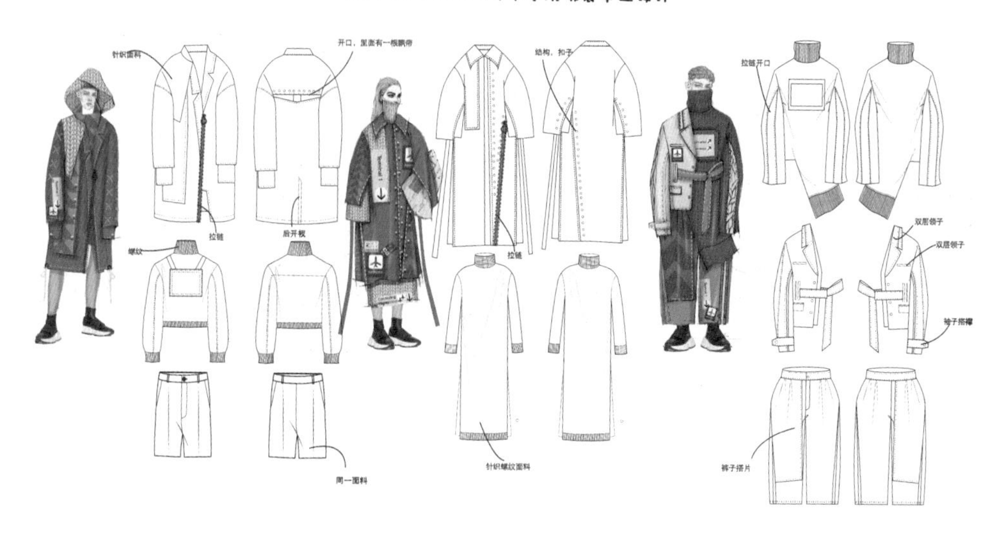

图6-54　参赛服装赏析（十）

随心.所欲

第十一届中国（大朗）毛织服装网上设计大赛

图6-55　参赛服装赏析（十一）

图6-56　参赛服装赏析（十二）

图6-57　参赛服装赏析（十三）

图6-58　参赛服装赏析（十四）

图6-59　参赛服装赏析（十五）

参考文献

［1］凯利·布莱克曼. 20世纪世界时装绘画图典［M］. 方茜，译. 上海：上海人民美术出版社，2008.

［2］刘元风. 服装人体与时装画［M］. 北京：高等教育出版社，1989.

［3］胡晓东. 完全绘本：服装设计手绘效果图步骤详解2［M］. 武汉：湖北美术出版社，2009.

［4］Giglio Fashion工作室. 全新时装设计手册：效果图技法表现篇［M］. 北京：中国青年出版社，2009.

［5］Bina Abling. 美国经典时装画技法［M］. 6版. 谢飞，译. 北京：人民邮电出版社，2016.